农业污染、环境规制和农业科技进步

——基于安徽省的实证研究

陶群山　著

U0295876

合肥工業大學出版社

图书在版编目(CIP)数据

农业污染、环境规制和农业科技进步：基于安徽省的实证研究/陶群山著.
—合肥：合肥工业大学出版社，2018.6
ISBN 978-7-5650-4017-7

Ⅰ.①农… Ⅱ.①陶… Ⅲ.①农业环境污染—研究—安徽②环境规划—研究—安徽③农业技术—技术进步—研究—安徽 Ⅳ.①X5②X321.254③F327.54

中国版本图书馆 CIP 数据核字(2018)第 118554 号

农业污染、环境规制和农业科技进步
——基于安徽省的实证研究

陶群山　著　　　　　　　　责任编辑　郭娟娟

出　版	合肥工业大学出版社	版　次	2018 年 6 月第 1 版
地　址	合肥市屯溪路 193 号	印　次	2018 年 6 月第 1 次印刷
邮　编	230009	开　本	710 毫米×1010 毫米　1/16
电　话	人文编辑部：0551-62903205	印　张	11.5
	市场营销部：0551-62903198	字　数	188 千字
网　址	www.hfutpress.com.cn	印　刷	安徽昶颉包装印务有限责任公司
E-mail	hfutpress@163.com	发　行	全国新华书店

ISBN 978-7-5650-4017-7　　　　　　　　　定价：38.00 元

如果有影响阅读的印装质量问题，请与出版社市场营销部联系调换。

序　言

　　农业是国民经济的基础，是整个社会基本生活资料的来源，农业的稳定增长对于整个国民经济的稳定起着至关重要的地位。改革开放以来，在国家农业扶持政策的支持下，中国农业经济获得了长足的发展，农业总产值由1978年的1 397.0亿元增加到2016年的63 672.8亿元，增加了44.6倍。农业生产结构发生了明显的变化，粮食作物的种植面积比例逐年下降，经济类作物种植面积比例呈逐年上升趋势，畜禽养殖业发展迅速。在农业经济快速增长的同时，农业生产的外部性逐渐显现，化肥、农药等生化物质的大量不合理使用以及农业生产废弃物（秸秆，畜禽粪便等）的大量排放，一方面造成了资源利用的非效率，另一方面形成了农业生态环境的污染。农业污染是大多数国家经济发展过程中出现的普遍现象，而环境污染的加剧会促使社会对环境污染规制的重视，各国在发展农业生产的同时也制定了适当的农业环境政策，农业环境政策的制定对农业环境的污染起到了一定的遏制作用。

　　环境规制能够促进农业生态环境的改善，但环境规制能否在改善环境的同时，带来农业科技的进步，并由此提高农业生产的效率，增强整个农业的竞争力呢？因此，环境规制对农业科技进步的传导机制的研究便构成了本研究的核心内容。本研究在"波特假说"的基础上，从理论上论证了环境规制对农业科技进步的传导机制，并运用安徽省的农业生产数据对这一传导机制及其效果进行了实证的分析，并对其形成原因进行了分析。因而，本研究目标主要包括：运用计量模型实证地分析农业环境污染与经济增长之间的关系，并提出环境规制的必要性；在"波特假说"的基础上构建立经济学模型论证环境规制对农业科技进步的传导机制；选择合适的环境规制和农业科技进步变量指标，建立VAR模型实证分析环境规制对农业科技进步传导机制及其效果；建立计量经济学模型实证分析环境规制对农业科技进步传导机制的影响因素，为政府的环境决策和农业科技决策提供理论支持。本研究共分为八章，具体研究内容如下。

第一章为导论，主要阐述论文的研究背景、问题的提出，明确本书的研究目标和范围，确定拟解决的关键问题以及所用的研究方法和技术路线等。

第二章为理论基础和国内外文献综述。主要介绍外部性理论、科技进步理论、诱致性科技创新理论，以及对国内外相关研究理论进行综述。

第三章为农业污染和环境规制，先运用相关数据对环境污染的状况进行定量分析，在此基础上对安徽省农业污染和农业经济增长的环境库兹涅茨曲线进行拟合，并指出经济增长是农业污染的直接原因，但导致环境恶化的深层次原因则是经济增长背后的政策、体制与制度等因素，以此说明环境规制的必要性。

第四章为环境规制对农业科技进步传导机制的理论分析，主要在波特假说的基础上从理论上分析环境规制对科技进步传导机制，并结合诱致性科技创新理论，在相关模型的基础上从经济学理论角度分析环境规制对农业科技进步的传导机理，为后面进行实证分析奠定基础。

第五章为环境规制对农业科技进步传导机制的实证分析，在理论分析的基础上，选择适当的环境规制强度和农业科技进步变量指标，建立 VAR 模型，运用计量分析方法对环境规制与农业科技进步的影响滞后趋势和影响程度进行定量的分析和模拟，从动态角度分析两者的关系。

第六章为基于农业科研创新主体视角下的，环境规制对农业科技进步传导机制的影响因素分析。考虑到农业科技进步主体的多元性和复杂性，这里主要从农业科研创新主体出发分析环境规制对农业科研创新的影响，通过建立一个包含滞后变量的多元回归模型，从动态角度实证分析这一影响机制。

第七章为基于农业新技术采纳主体视角下的，环境规制对农业科技进步传导机制的影响因素分析。主要通过建立一个二元 Logistic 回归模型来分析农户自身特质、市场条件以及政府的环境政策对农户选择农业环境新技术意愿的影响，以此来分析环境规制对农业科技进步的影响效果。

第八章为研究结论和政策建议，主要从市场条件、农业科技创新机制和政府支农机制等方面提出环境约束条件下促进农业科技进步的政策建议。

在理论分析的基础上，本研究以安徽省为例对环境规制与农业科技进步的传导机制及其影响因素进行了实证的分析，本研究结论主要包括：

（1）研究运用了主成分分析法提取了农业污染综合指标，建立了一个二次曲线方程验证了安徽省的农业污染和经济增长之间也符合环境库兹涅茨曲线，而且处于环境库兹涅茨曲线的拐点附近。经济增长是形成农业污染的直接原因，而其后存在的深层次原因则是环境意识的淡薄，环境产权的缺失以及环境政策的缺失或缺乏区分度，难以形成激励机制。因而，缓解农业环境污染压力，政府必须制定合适的环境政策，增强农业生产者的环境意识，激发他们的环境治理行为。

（2）"波特假说"认为环境规制能够促进科技进步，国内外许多学者建立实证模型对此进行了验证。本书从经济学角度对环境规制对农业科技进步的传导机制进行了理论分析，并通过在安徽省1990—2009年的农业生产数据的基础上，选择了合适的环境规制和农业科技进步变量指标，建立了一个VAR模型，运用了Johansen协整分析方法验证了安徽省农业生产中的环境规制和农业科技进步的关系也符合"波特假说"，Granger因果关系检验说明了安徽省环境规制是农业科技进步产生的原因，脉冲响应分析和方差分析则更深入地从定量的角度分析了环境规制对农业科技进步的影响滞后趋势和影响程度。由实证的分析可以看出，只是从短期静态角度来分析，环境规制是不利于农业科技进步的；但从长期动态角度来看，环境规制有利于农业的科技进步。

（3）实证模型的估计结果验证了环境规制能够促进农业科技进步，但促进的效果并不明显。这主要是由于农业科技进步的创新主体、创新环境以及发展过程的复杂性所致。创新主体的多元化，利益目标的多重化扭曲了环境规制的传导机制，影响了农业科技进步的进程。由于环境规制的主体包括农业科研创新主体（政府和科研机构）和农业新科技采纳主体（农户），本书首先建立了滞后变量回归模型，从农业科研创新的角度验证了环境规制对农业科研创新有着积极的促进作用。实证结果显示，不论从环境规制的即期效应还是滞后3期的效应来看，环境规制都能够促进农业科技创新，这一点更能够说明以社会福利最大化的政府在环境规制面前的主动性。

（4）从农业新科技采纳主体看，在环境约束条件下，农户自身特质、市场条件以及政府的环境政策在不同程度上影响着农户对农业环境新技术的选择，影响着农业的科技进步。本研究在对安徽省336个农户调查数据的基础上，运用了二元Logistic回归模型对影响农户新技术采纳意愿的因素进行了分析。结果显示：农户的社会网络关系和农户采纳环境新技术的难易程度与农户对新技术采纳意愿呈反向变化关系，而农户的环境意识、销售渠道、政府补贴和宣传与环境新技术采纳意愿呈正向变化关系。因而，在当前条件下农户自身环境意识的淡薄，农产品销售渠道的不够畅通以及政府环境政策的缺失或不够完善，导致了农户对农业环境新技术的采纳意愿不高，制约着农业的科技进步。

目　　录

表　目　录

图 目 录

第一章 导 论

1.1 研究背景与问题的提出

1.1.1 研究背景

中国幅员辽阔、资源丰富，但中国的人口总数居世界第一位，因而人均自然资源占有量少；同时中国也是一个农业大国，农业人口占全国总人口的比例达到六成以上，且务农收入是他们主要的生活来源。如何在有限的自然资源禀赋条件下，保障粮食安全和食品安全以满足全国居民对食物的需求，同时不断提高农村居民的收入水平，实现农业经济的可持续发展，这一直是政府和整个社会所关心的重要问题。改革开放以来，中国农业、农村经济取得了较快的发展，农业总产值由 1978 年的 1397.0 亿元增加到 2009 年的 60361.0 亿元，增加了 42.2 倍。农业生产结构发生明显变化，种植业的种植面积中粮食的种植面积由 1978 年的 80.34% 下降到 2009 年的 68.70%，而其他经济类作物种植面积大幅度上升。与此同时，畜牧养殖业也得到了较快的发展，畜产品产量由 1978 年的 856.3 万吨上涨到 2009 年的 7649.7 万吨，上升了 7.9 倍。农业经济结构的变化，一方面来源于人们生活水平的提高和生活质量的改善，对经济作物产品和畜产品需求的增加；另一方面也得益于农业的科技进步以及国家对农业投入力度的加大和产业政策的扶持。

现代农业的发展促进了农产品产量的迅速增加和农业生产结构的调整。中国在推进现代农业生产的同时，农业生产中的化肥、农药等生化物质的大量不合理使用以及农业生产废弃物（秸秆，畜禽粪便等）的大量排放致使农业污染问题越来越严重。中国是一个人口大国，随着人口的迅速增加以及城市化进程的不断加快，耕地面积日趋减少并致使环境质量问题日益恶化（Brown，1994）。[1] 农业增长、农产品产量增加的促进因素很多，既有来自生产要素的投入，如劳动力、土地、化肥、农业机械、农业技术进步等，还有政策体制方面的施行，如经济制度以及经济政策支持等。在现代农业生产中，农用化学品例如化肥、农药、除草剂等对农业生产的贡献较为明显。农业生产的特殊性使得其对农药、化肥、杀虫剂、除草剂等有着较大的依赖，这些化学品的合理使用不仅可以有效地预防各种病虫害，提高农产品的产量与品质，还可以保持土壤养分与土地肥力。但化学品的不合理使用甚至滥用会引起土壤、水体（河流、湖泊）和大气质量的衰退，对环境的污染不容忽视。此外，农业环境的污染还来自农业废弃物的不合理排放和处理，农业秸秆的大量焚烧，这不仅浪费了大量的农业资源，还会造成空气环境质量的恶化。养殖业的发展，虽然满足了人们对日益增长的畜禽产品的需求，但与此同时大量畜禽粪便的排放，也会对土壤养分结构造成一定影响，并影响到农作物的产量和质量。一些发展中国家在经济迅速增长的同时也面临着生态环境的恶化。

农业污染是大多数国家经济发展过程中出现的普遍现象。农业污染的日益严重给农业经济效益以及生态环境造成了较大的危害。而环境污染的加剧会促使社会对环境污染规制的重视，各国在发展农业生产的同时也制定了适当的农业环境政策。中国的农业环境政策和措施有：制定了较为严格的环境标准，例如中国制定的《大气环境质量标准》《地面水环境质量标准》《渔业水质标准》《农田灌溉水质标准》等。确定了环境保护责任制，环境保护目标责任制，城市环境综合整治定量考核制度，排放污染物许可证制度和污染集中控制制度。建立了农产品安全检测制度，加强农药和化肥环境安全管理，推广高效、低毒和低残留化学农药，禁止在蔬菜、水果、粮食、茶叶和中药材生产中使用高毒、高残留农药。开展秸秆禁烧，控制规模化畜禽渔养殖业的污染。农业环境政策的制定对农业环境的污染起到了一定的遏制作用。

1.1.2 问题的提出

严格的环境规制有利于环境的治理，但是环境规制能否在环境治理的同

---

[1] Brown, L, R. "Who will feed China?" [J] . World Watch Magazine, 1994，7（5）：66 - 76.

时，促进科技进步并能导致整个产业绩效的提高，从而实现生态效益和经济效益的双赢？对此，不同的学者有不同的观点，一种是从短期静态角度的分析，认为环境规制不利于科技的进步，主要原因是在于环境规制会挤占企业生产盈利性投资，导致企业科技研发资金的降低，从而不利于企业的科技创新。一种从长期动态角度考虑，其代表是 Michael Porter 提出的"波特假说"，这种观点认为从动态观点看，由于企业并不总是能够做出最优的决策，而通过"恰当设计"的环境规制政策，能够为企业提供技术改进的信息和进行创新的动力，使企业在面对较高的污染治理成本时，能投资于技术创新活动以满足环境规制政策的要求，从而产生技术的创新补偿效应，也即通过产品补偿增加产品价值，或降低产品成本和通过过程补偿促进产出增加或投入要素的降低等。这些技术创新产生的补偿效应甚至会超过由环境规制导致的成本而实现了生产的盈利，使产业达到经济绩效和环境绩效同时改进的"双赢"状态。

在工业领域，"波特假说"得到了很多学者的验证。Jaffe and Palmer（1997）研究了研发支出（或专利应用的数量）和减污成本（环境规制强度的替代变量）之间的关系，他们发现研发支出和环境规制强度间有着积极的关系，也就是减污成本每增加 1%，研发支出要增加 0.15%，而专利数量和环境规制强度之间则没有统计意义上的关系。[1] Domazlicky 和 Weber（2004）使用生产效率作为科技进步的替代变量，运用美国 1988—1993 年化工产业有关污染治理运行成本和生产效率等数据，实证分析了环境规制对该产业生产效率增长的影响，数据显示，环境规制和企业的生产效率之间存在明显的正相关，有利于技术进步率的提高。[2] 然而，"波特假说"是否具有普遍性？在农业领域，环境规制是否有利于农业科技进步？与工业相比，中国的农业科技进步主体具有较明显的特殊性，农业科技进步主体是由农业科研创新主体（政府和科研机构）和农业新技术采纳主体（农户）构成的，而两者在一定程度上是相脱离的。农业科技进步主体的多元性和科技进步过程的复杂性制约着农业科技进步的进程。在中国，环境规制能否促进农业的科技进步？如果

---

① Jaffe, A. B., and K. Palmer. Environmental Regulation and Innovation: A Panel DataStudy [J]. Review of Economics and Statistics, 1997, 79 (4), 610 – 619.

② Domazlicky. B R, W L. Does Environmental Protection Lead to Slower Productivity Growth in the Chemical Industry [J]. Environmental and Resource economics, 2004, 28: 301 – 324.

农业环境规制在一定程度上能够促进农业的科技进步，而特别是对于以分散的、小规模经营方式为主的农村联产承包责任制为框架的农户生产方式中，农户对环境规制的效应不敏感，对农业新技术的接纳程度不高，这些因素是否会降低环境规制对农业科技进步的促进效应呢？在环境约束条件下，如何去引导和规范农户的生产行为，增强他们的环境意识和科技意识，并以此激发环境规制的效应？这些问题的研究将成为本书的重要内容。

农业污染是发展中国家经济发展过程中出现的普遍问题。在经济发展的初期，经济的增长会加剧农业环境的污染。反过来，农业污染的加剧也会影响到经济增长的速度和质量，对经济发展造成不利的影响。经济发展到一定的阶段，随着人们生活水平和生活质量的提高以及环境意识的增强，政府会通过制定合理的环境政策来引导生产者运用技术革新来进行结构调整，改善生产环境，提高产品质量。可见环境规制不仅能够改善环境质量，而且能够促进科技创新，最终引起农业科技的进步。本研究将以安徽省为例，在"波特假说"的基础上，运用诱致性科技创新理论并建立相应经济学分析模型对环境规制促进农业科技进步的机理进行科学的论证，在此基础上对环境规制与农业科技进步的关系、传导的效果以及影响的因素进行实证的分析。与工业科技进步相比，农业科技进步存在主体的多元性和过程的复杂性，因而环境规制对农业科技进步的促进效果和影响因素也存在较明显的差别。本研究在对环境规制传导机制效果的影响因素分析中，分别从农业科研创新主体和新技术采纳主体，实证地分析了环境规制对农业科技进步的影响机理，并提出促进农业环境治理和农业科技进步的政策建议。

1.2　研究目标和研究假说

1.2.1　研究目标

本研究以安徽省为例分析在农业污染下，环境规制对农业科技进步的传导机制、传导效果和影响因素，通过环境规制对农业科技进步影响的传导机制的理论和实证分析，来验证环境规制和农业科技进步的促进关系以及影响效果。在此基础上，本研究还通过大量的调查数据，运用计量分析的模型和方法，分别从农业科研创新主体和农业新技术采纳主体视角，对环境规制与农业科技进步传导机制的影响因素进行分析，为引导和规范农户的经济行为和政府农业环境政策的制定提供依据。

本研究主要达到以下几个目标。

目标 1：运用计量模型实证地分析农业污染与经济增长之间的关系，并提出环境规制的必要性。

目标 2：在"波特假说"的基础上构建经济学模型论证环境规制对农业科技进步的传导机制。

目标 3：选择合适的环境规制和农业科技进步变量，建立 VAR 模型实证分析环境规制对农业科技进步的传导机制及其效果。

目标 4：考虑农业科技进步主体的多元性和复杂性，分别从农业科研创新主体和农业新技术采纳主体出发，建立计量经济学模型实证分析环境规制对农业科技进步传导机制的影响因素，为政府的环境决策和农业科技决策提供理论支持。

1.2.2　研究假说

围绕着上述目标，本研究注重分析环境规制对农业科技进步的影响机制、影响效果及形成原因，并在此基础上提出相应合理建议，因此研究假说主要包括如下。

假说 1：从短期效应来看，环境规制是不利于农业科技进步的；但从长期效应来看，环境规制能够促进农业科技进步，但相比于工业而言，农业环境规制的促进效果较弱。

从短期看，环境规制能够使得生产者增加用于环境治理的成本而挤占科技创新支出，不利于企业的技术创新；但是从长远角度来说，农业生产者为了自身的生存，增强产品的竞争力，必然会增加科技创新的投入，提高产品的产量和质量，从而获取更大的利润。从这个意义上说，环境规制有利于农业的科技进步。但是考虑到中国农业生产的主体是以联产承包责任制为框架下的分散的农户，当前农户的环境意识、科技意识较淡薄，农户生产特征、市场条件和政府的政策环境条件会减弱环境规制的促进效果，从而导致环境规制对农业科技进步的具有较弱的正相关关系。

假说 2：环境规制对农业科技进步的传导效果较弱的原因是由农业科技进步主体所具有的特征决定的。农业科技进步主体是由农业科研创新主体（政府和科研机构）和农业新技术采纳主体（农户）所构成的，从农业科研创新主体来看，环境规制对农业科技创新的促进效果明显。

在中国，农业科研创新主体是政府和科研机构，而在当前体制下农业科研机构与政府间具有较紧密的联系，政府进行科技创新的目标是社会福利的最大化和经济效益的最优化。考虑到农业本身的弱质性和农业科技创新的公共产品性质，在环境规制（绿色贸易壁垒，农产品质量标准）面前政府会主动地进行农业科技创新。因此，从农业科研创新主体角度看，环境规制对农业科技进步的促进作用明显。

假说3：从农业新技术采纳主体来看，在环境约束条件下，农户自身特征、市场条件以及政府的环境政策影响着农户对农业新技术的采纳意愿，影响着农业的科技进步。

从农业新技术采纳主体即农户角度考虑，在农业环境约束条件下，农户自身特征、经营规模的大小、产品销售渠道、非农就业情况以及政府的环境政策等都会影响农户对新技术的接纳程度，从而影响着农业的科技进步，是导致环境规制传导效果较弱的重要原因。

1.3　概念界定和研究范围

1.3.1　概念的界定

1.3.1.1　农业污染

农业污染是指在农业生产过程中农业生产者不合理的生产行为而向生产环境排放污染物，形成污染源。农业污染一方面包括农业生产活动本身所造成的对环境的影响，例如畜禽粪便的排放以及农业秸秆的焚烧等导致的环境污染，这包括大气污染、土壤污染以及水体污染等；另一方面农业污染还涉及农业生化物质的不合理使用而导致的环境问题以及由此导致产品有毒残留物超标所引起的食品安全问题。

农业污染主要是由生产者的技术活动本身所导致的。随着现代工业的发展，农业生化物质的投入和使用会日益增多，化肥、农药、除草剂以及农用薄膜等生化物质的不合理投入，其残留进入土壤、水体势必会产生环境污染。其次，农业污染的产生还来自农业经济政策的刺激，农业补贴政策的使用不当也会影响农业生产者生产技术的选择而产生了农业污染，例如农业化肥补贴政策会促使农户加大对化肥的购买和过度投入而引起对环境的影响，政府对养殖业的扶持而促使畜禽养殖业的发展并导致农业种养殖业的结构失衡而出现的畜禽排泄物的污染等。

本研究中的农业污染是指农业废弃物的不合理排放和农业生化物质的不合理使用而产生的环境污染，研究将以安徽省农业生产为例选择相应污染指标对农业污染的现状加以描述。农业污染的加剧会影响到环境质量和生活质量，并最终对经济发展造成影响而产生生产的负外部性，因而政府需要制定相应的环境政策进行治理，本研究就是在环境规制的环境效应的基础上分析其技术创新效应。

1.3.1.2 环境规制

规制又称政府规制，是指政府对经济的干预，规制概念最早出现于古罗马时代，是指政府官员制定法令允许受规制的工商企业提供基本的产品和服务，为了实现公平政府对主要产品和服务制定"公平价格"，这些重要的社会产品和服务就被政府所规制。在这里，规制的隐含逻辑就是政府拥有某种强制权对微观主体的经济行为进行干预。现代意义上的规制，不同的文献和经济学家均做出了不同的解释，《新帕尔格雷夫经济学大辞典》对规制做出这样的解释，一种解释是国家以经济管理的名义进行干预。在经济政策领域，规制是指经过一系列反周期的预算或货币干预手段对宏观经济活动进行调节。[①]另一种解释是政府为控制企业的价格、销售和生产决策而采取的各种行动。可见，西方经济学中关于"规制"的含义界定为政府根据相应的规则对微观主体行为实行的一种干预，如政府为控制企业的价格、销售和生产决策而采取的各种行动构成了政府对价格、市场进入等的规制。规制存在的根本原因在于"市场失灵"，微观主体追求利润最大化的目标而导致生产外部性的存在以及垄断的存在、信息的不对称等各种原因，会致使其行为的社会成本大于私人成本，从而造成社会福利的损失。在此情形下，需要政府制定某种规则对微观主体的行为加以制约，使其承担其应有的社会成本。规制包括社会规制和经济规制两种。日本学者植草益将经济性规制界定为在自然垄断和信息不完全的条件下，政府为了确保市场主体的公平性和资源利用的高效率，利

---

① 新帕尔格雷夫经济学大辞典［M］．北京：经济科学出版社，1992：134．

用法律权限和相关许可、认可的程序，对企业的进入和退出、价格、服务的数量和质量，投资行为等予以限制。社会规制则是为了保护环境、防止灾害、确保劳动者和消费者的安全、健康，而对产品和服务的质量以及由此而产生的各项活动确立的一系列标准，并对特定的行为予以限制。[①]

环境规制概念的早期研究来源于对自由贸易与环境的相互影响的研究，因此国内相关文献的研究多将环境规制定义为与贸易有关的环境措施或者与环境有关的贸易措施。如强永昌（2006）在讨论环境规制与对外贸易可持续发展的关系时，将环境规制界定为一国为了环境保护所采取的对国际贸易活动具有影响的所有环境措施，包括保护环境的国际公约、国际环保标准、地区及各国保护环境的法律、规则、标准制度、管理措施及其执行过程或签署的区域和多边协定。[②] 傅京燕（2006）则对上述两方面的影响方式与使用范围进行了区分：前者（与贸易有关的环境措施）对贸易间接地产生影响，而后者（与环境有关的贸易措施）对商品与服务贸易直接构成影响。另外适用的范围不同，与贸易有关的环境措施既适用于国际贸易，也适用于国内，而与环境相关的贸易措施只使用于国际贸易。[③] 本研究的环境规制概念不仅局限于国际贸易而进一步扩展为，由政府或者相关行业协会、国际性组织等制定并组织实施的、以保护环境促进资源合理有效利用为目的的，对市场主体的生产行为进行约束的各种法律法规、贸易措施和有关国际公约的总称。而与农业生产者相关的环境规制措施表现为环境保护法律法规、环境标准、环境税、排污费、资源税、与环境保护投资相关的政府补贴等。环境规制既有来自国际贸易组织的绿色贸易壁垒和相关公约，也有来自本国的各项环境法规、环境标准、农产品质量安全标准、环境税费制度和相关补贴政策等，环境规制政策从控制手段上分为命令-控制型和激励型环境政策两种，而对农业科技进步具有促进作用则是激励型环境政策。

命令-控制型环境政策主要通过行政命令手段来制定生产者必须遵循的排污标准或达到相应的排污目标，在这种形势下，生产者必须遵守规章制度，对技术采纳没有选择权。政策对污染行为的区分度不大，规制成本较高。激

---

① 植草益．微观规制经济学［M］．北京：中国发展出版社，1992：27－28.
② 强永昌．环境规制与中国对外贸易的可持续发展［M］．上海：复旦大学出版社，2006：10.
③ 傅京燕．环境规制与产业国际竞争力［M］．北京：经济科学出版社，2006.

励型环境规制政策主要是通过市场手段引导生产者的排污行为，通过税收或补贴等方式影响环境资源的价格，以此来遏制生产者的环境污染行为或者激励环境保护行为，并达到环境保护的目标。在环境规制下，生产者根据市场信号自由地选择既能满足规制要求，又能增加经济效益的技术条件，从而能满足规制者的环境要求。激励型环境规制的规制成本小，对环境污染行为的区分度较大，能有效地遏制环境污染行为并促进科技进步。激励型环境规制对农业科技进步的影响主要是通过环境税收、政府补贴，生态补偿机制等激励型政策手段激发农业生产者对环境新技术的选择而达到环境规制的效应。

1.3.1.3 农业科技进步

科技进步是指生产过程和生产力系统的有效提高或改进，包括新材料和新生产工具的使用、新能源的应用、新产品的开发、劳动者技能的提高以及新的管理方法和手段的采纳。农业科技进步主要是指农业领域生产过程的改善和生产力的提高。农业科技进步是新理论的不断创造、新技术的不断发明以及新成果的不断转化的过程，是农业生产效益不断提高的过程。农业科技进步可以使农业生产者达到不断提高产品产量、改善产品品质和生产环境、降低生产成本并增进生产收益的目的。本书所涉及的农业科技进步是指在清洁生产条件下的农业科技创新，包括低毒农药、有机肥的使用、良种的研发和采用、农业生产环境治理技术等，还包括生产结构的改善和生产组织方式的改进。

农业科技创新的复杂性、风险性以及公共产品性质使得生产者缺乏科技创新的主动性和积极性，这必然导致农业科技进步过程是一个诱致性技术创新过程。环境资源的稀缺性会影响生产条件的改变并影响着生产成本，而要消除这种影响可以运用技术创新来提高资源的利用效率和生产过程的效率来降低这种成本，达到改善环境的作用。环境规制对农业科技进步传导过程的实质就是在农业污染条件下，环境资源变得越发稀缺，其价格也就相应上升，政府的激励型环境规制政策就是给农业生产者传递这一讯息，而生产者在这一讯息刺激下就会通过技术创新来提高生产效率并达到改善生产环境和提高经济效益的目的，本研究也就是在相关理论和实证分析的基础上对这一过程进行验证。

1.3.1.4 环境规制的传导机制

环境规制的传导机制是指政府制定的环境政策对企业科技进步、企业竞争力、产业绩效和国际贸易的作用机理和影响过程，主要表现为政府的环境政策会影响到企业技术革新策略，并进一步影响产品及企业的竞争力以及整个产业的经济绩效，而表现在国际贸易上则会影响整个国家产品和行业的国际竞争力，进而影响产业的国际布局。

从时间上看，环境规制的传导机制主要表现在环境规制的短期静态效应和长期动态效应两方面。从短期静态效应方面来看，环境规制会导致企业生产环境标准和产品质量标准的提高，从而会促使企业使用较多的资金去改善生产环境而降低用于产品技术创新的支出，这样就不利于产品竞争力的提高，影响产品的市场和企业的绩效。从长期动态效应来看，企业为了提高产品的市场竞争力，在环境规制的条件下，企业会用更多的资金用于科技创新以提高产品的品质，改善生产环境；从短期看，这可能会影响企业当前效益的提高，但从长期看会促使产品质量的改善，从而会促使企业竞争力和经济效益的提高，抵消了企业用于环境治理的成本而产生补偿效应，最终有利于生产绩效的提高。

从影响内容上看，环境规制的传导主要体现在三个方面：对科技进步的影响、对产业绩效的影响和对国际贸易的影响。

环境规制对科技进步的影响是指环境规制会影响企业的技术创新策略，影响产品的产量和品质从而影响企业的竞争力。政府确定较严格的环境规制标准，确立企业的环境标准和产品品质质量标准，这样会增加企业用于改变生产环境的成本和进行技术革新的成本，从而影响企业的投资结构。有些企业可能会由于环境成本的增加而减少用于技术革新的成本，从而会导致其竞争能力的下降，最终被市场所淘汰；而另一些有长远眼光的企业会在增加环境治理成本的同时继续增加企业技术革新的成本，由于技术条件的改善，产品品质的提高，最终会促使企业绩效的改善而产生更大的竞争力，这样又会促使企业技术创新补偿效应的产生而抵消了企业用于环境治理的成本。

环境规制对产业绩效的影响是指环境规制会导致科技投入的变化、生产成本的改变、产品结构的变化以及区域生产结构的变化，从而会对整个产业的产量和产值产生影响，最终影响整个产业的绩效。严格的环境规制会导致产业生产成本的增加，如果不采取相应治理措施，会导致一些落后产业产品的竞争力持续下降并致使其绩效的降低而被市场所淘汰而转向其他产业；相反，如果该产业采取相应的环境治理措施和技术革新手段则会导致整个产业竞争力的提升，这样会促使整个产业的更新升级从而有利于产业竞争力的提升并最终引起产业绩效的提高。

环境规制对国际贸易的影响是指严格的环境规制标准会影响一国的产品竞争力和整个产业的竞争力，最终导致本国产业格局的改变以及国际贸易格局的变化。环境规制会导致某国的某种产品生产成本的增加，由于比较优势的存在，该国会停止本国对该种产品的生产而将产品的生产转向环境政策相对轻松的国家。这样，由于各国环境规制标准的不同，环境污染密集型的产品便由环境规制较严格的富裕国家转向环境规制较轻松的贫穷国家来生产，由此产生"污染的天堂"。

由环境规制的传导机制可以看出，环境规制都是通过企业的科技创新，进而影响企业产品的竞争力和企业绩效，并最终影响国际贸易。可见，环境规制对科技进步的传导机制研究是上述研究的核心。因此，本研究着重分析在农业领域，环境规制对农业科技进步的传导机制及效果，并运用实际经济数据进行验证。

1.3.2 本文的研究范围

本研究主要围绕环境规制和农业科技进步的关系来展开。环境规制一方面会带来生态环境的改进，但另一方面环境规制能否促进农业科技进步，给农业生产者带来经济效益呢？因此，环境规制对农业科技进步的传导机制研究便成为本研究的中心内容。和工业企业相比，农业生产者的自身特质、经营方式、市场条件和政策环境都会对农业科技进步的促进作用产生一定影响，而导致传导效果的减弱，本研究在实证的基础上将对以上影响效果和影响因素进行检验，并寻求引导农户在环境约束条件下，能够积极地调整生产方式和组织形式，引进新品种，采用新技术，提高产品的竞争力。本研究主要以安徽省为例来分析环境规制对农业科技进步的传导机制以及影响效果，因此研究范围包括以下几个方面。

（1）对环境规制的必要性进行分析。本研究通过相关统计数据和调查数据对安徽省农业污染状况进行描述，以此来说明政府环境规制的必要性。经济增长是导致环境污染的直接原因，库兹涅茨环境倒 U 型曲线描述了环境污染和经济增长之间的关系，安徽省农业污染和经济增长之间也遵循这一普遍规律，本研究将通过安徽省的实际数据予以验证。经济增长虽是农业污染的直接原因，但经济增长了，环境污染未必自行消失，形成农业污染的深层次原因是经济增长背后的制度、体制等各方面的原因，因此通过环境政策对生产主体的行为加以规范、引导和激励，在取得经济效益的同时注重环境的效应。

（2）对环境规制的传导机制进行理论分析。"波特假说"从动态的角度论述了环境规制对科技进步的传导机制。"波特假说"是在环境约束条件下，生产者"有限理性"的基础上提出的，环境规制会导致污染者治污成本的上升，但"恰当设计"的环境政策会激励生产者主动进行技术创新。通过产品创新补偿和过程创新补偿来弥补治污成本，提高生产效率，本研究将对这一过程从理论上给予解释。环境规制对农业科技进步的传导机制实际上是一种诱致性科技进步过程，本研究将运用诱致性创新理论，建立适当的模型对这一传导机制加以分析。

（3）对环境规制传导机制的效果及影响因素进行实证分析。环境规制对科技进步的传导机制在工业领域已经得到了国内外学者较为广泛的论证，研究方法也较为成熟。但在农业领域，农业科技进步主体的多元性、农业科技进步过程的复杂性会扭曲环境规制的这一传导机制，因此，本研究首先运用安徽省的农业生产数据对这一传导机制进行实证的分析，而实证的分析结果说明环境规制有利于农业的科技进步，但效果并不明显。考虑到农业科技进步的主体是由农业科研创新主体（政府和科研机构）和农业新科技采纳主体两部分构成，因此在影响因素分析中，分别从环境规制对农业科研创新主体和农业新科技采纳主体两方面的影响予以分析。对于环境规制对农业科研创新的影响分析，本研究将通过建立一个动态的实证模型进行分析；而对于环境规制对农业新技术采纳主体的影响分析，本研究将通过实际调查数据从农户特征、市场条件和政策环境条件等方面予以实证分析。

1.4 研究思路与技术路线

1.4.1 研究思路

本研究主要以安徽省为例分析环境规制对农业科技进步的传导机制并给予验证，是"波特假说"在农业生产领域的一个拓展与验证。主要是在经济学理论的基础上，在广泛进行文献研究的基础上，按照提出问题，建立假说，运用理论模型予以论证，结合实际统计数据和调查数据进行验证，得出结论并提出政策建议的思路展开的。具体逻辑结构安排是：对农业污染的现状进行描述的基础上分析环境规制的必要性。建立经济学模型分析环境规制对农业科技进步的传导机制，构建 VAR 模型对这一传导机制进行实证分析和模拟，在此基础上对这一传导机制效果的影响因素进行实证分析。最后，总结全文，提出政策建议。

1.4.2　技术路线

技术路线如图 1-1 所示。

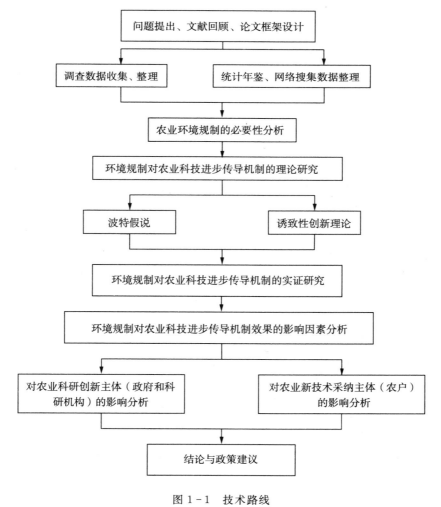

图 1-1　技术路线

Fig. 1-1　Conceptual Framework

1.5　论文结构

本论文共分为八章，论文的具体研究框架和内容如下。

第一章为导论，主要阐述论文的研究背景、问题的提出，明确本书的研究目标和范围，确定拟解决的关键问题以及所用的研究方法和技术路线等。

第二章为理论基础和国内外文献综述。主要介绍外部性理论、科技进步理论、诱致性科技创新理论，以及对国内外相关研究理论进行综述。

第三章为农业污染和环境规制，先运用相关数据对农业污染的状况进行定量分析，在此基础上对安徽省农业污染和经济增长的环境库兹涅茨曲线进行拟合，并指出经济增长是农业污染的直接原因，但导致环境恶化的深层次原因则是经济增长背后的政策、体制与制度等因素，以此说明环境规制的必要性。

第四章为环境规制对农业科技进步传导机制的理论分析，主要在波特假说的基础上从理论上分析环境规制对科技进步的传导机制，并结合诱致性科技创新理论，在相关模型的基础上从经济学理论角度分析环境规制对农业科技进步的传导的机理，为后面进行实证分析奠定基础。

第五章为环境规制对农业科技进步传导机制的实证分析，在理论分析的基础上，选择适当的环境规制强度和农业科技进步变量指标，建立 VAR 模型，运用计量分析方法对环境规制与农业科技进步的影响滞后的趋势和影响程度进行定量的分析和模拟，从动态角度分析两者的关系。

第六章为基于农业科研创新主体视角下的，环境规制对农业科技进步传导机制的影响因素分析。考虑到农业科技进步主体的多元性和过程的复杂性，这里主要从农业科研创新主体出发分析环境规制对农业科研创新的影响，这里主要通过建立一个包含滞后变量的多元回归模型，从动态角度实证分析这一影响机制。

第七章为基于农业新技术采纳主体视角下的，环境规制对农业科技进步传导机制的影响因素分析。主要通过建立一个二元 Logistic 回归模型来分析农户自身特质、市场条件以及政府的环境政策对农户选择农业新技术意愿的影响，以此来分析环境规制对农业科技进步的影响效果。

第八章为研究结论和政策建议，主要从市场条件、农业科技创新机制和政府支农机制等方面提出环境约束条件下促进农业科技进步的政策建议。

1.6　研究方法及数据来源

1.6.1　研究方法

本研究主要是对环境规制对农业科技进步的传导机制及其影响因素进行理论和实证的分析，拟采用的原则性的研究方法：（1）理论分析和实证分析相结合的方法。（2）定性分析和定量分析相结合的方法。（3）静态分析和动态分析相结合的方法。（4）实地调查法。具体的研究方法有：（1）主成分分析法。（2）VAR 模型分析。（3）二元 Logistic 回归模型。（4）滞后变量模型。具体研究方法的内容见相关章节。这里主要介绍原则性的研究方法。

（1）理论分析和实证分析相结合的方法。理论分析是实证分析得以进行的基础，而实证分析又是理论分析科学性和可信性检验的依据。本研究重视理论分析，通过理论基础和相关文献的综述为本书提供理论基础，还注重从经济学理论角度构建模型对环境规制与农业科技进步的传导机制进行理论论证。在实证分析方面，本研究运用安徽省农业生产相关数据，通过相应计量模型对这一传导机制及其影响因素进行分析。

（2）定性分析和定量分析相结合的方法。本书运用定性分析的方法提出相关研究问题和相应假说，运用外部性理论提出环境规制的必要性，由"波特假说"和诱致性科技创新理论分析环境规制对农业科技进步的促进作用，在农村实地调查的基础上分析环境规制对农业科技进步传导机制的影响因素。在定性分析的同时，注重建立计量经济学分析模型对这一传导机制进行实证模拟，对影响程度及滞后趋势进行较深入的定量分析。

（3）短期效应和长期效应分析相结合的方法。"波特假说"是从动态角度分析了环境规制对科技进步的传导机制，因此在说明环境规制对农业科技进步的传导机制的时候必须要选择相应动态模型进行说明。所以在计量模型的选择时，特别注重动态模型的选择如 VAR 模型、滞后变量回归模型。在分析时注重对即期效应和滞后效应的比较分析，以此来说明环境规制分别在短期效应和长期效应时的状况，并验证理论推导和假说。

（4）实地问卷调查法。实地调查法是科学研究获取第一手资料、数据的一种重要方法。本研究注重实地调查，注重深入农村生产领域，通过问卷调查方法获取安徽省农业污染及农业生产的第一手资料。本书的调查共发放问卷 410 份，实际收回问卷 338 份，有效问卷 336 份。调查主要是采取随机抽样和便利抽样相结合的方式，由调查者根据随机抽样原则或自身便利条件抽取农户样本进行调查。

1.6.2　数据来源

本研究的数据来源两个途径：统计年鉴，相关网络搜集数据及实地调查数据。安徽省农业污染及农业生产的宏观数据主要来源于历年《安徽统计年鉴》《中国统计年鉴》以及《中国农村经济统计年鉴》。部分资料来源于安徽统计网、安徽科技网。

农户生产的微观数据来自对安徽省 16 个地市 336 个农户的实地问卷调查。调查数据主要涉及三个方面内容：农户及基本状况的调查，主要涉及农户的性别、健康状况、受教育程度，非农收入等相关情况；农业废弃物的处理情况的调查，主要涉及种植业的种类，秸秆处理状况，畜禽养殖状况及粪便处理状况，化肥使用状况等；环境条件下农户采纳新技术的意愿情况，主要包括农户对环境问题重要性的认识情况、对采纳新技术的态度和预期以及相关销售渠道、产品价格等市场条件和贷款难易、政府补贴等政策环境。

1.7　可能的创新和不足

1.7.1　可能的创新

本研究的贡献在于将"波特假说"的研究由工业领域引入到农业领域，研究结合"波特假说"，运用诱致性创新理论对环境规制对农业科技进步的传导机制进行了理论上的解释，运用 VAR 模型实证分析了环境规制对农业科技进步的影响程度和滞后趋势，并能针对农业科技进步主体的多元性和过程的复杂性，分别从农业科研创新主体（政府和科研机构）和农业新技术采纳主体（农户）分析环境规制对农业科技进步的传导机制的影响因素，并提出促进农业科技进步的政策建议。本研究既能从宏观上把握环境规制对农业科技进步的影响机制，分析其影响效果，又能从微观主体分析传导机制的影响因素，这是本研究最大的贡献。在研究方法上，能选择适当的计量经济模型，突出"波特假说"的动态性分析前提，通过实地调查数据和模型分析传导机制的影响效果及影响因素，力求实证结果能解释相应理论，使得研究具有科学性和可靠性。本研究可能性的创新有：

（1）研究理论的创新。本研究在对环境规制对科技进步的传导机制的理论研究的基础上，对"波特假说"提出的理论背景、主要内容、核心思想及实施条件进行了较为系统的论述，对国外的论证模型进行了详细的分析。在对"波特假说"分析和论证的基础上，运用要素禀赋理论和诱致性创新理论，从长期建立经济学模型论证了环境规制对农业科技进步的传导机制，将"波特假说"拓展到农业生产领域，为实证分析奠定基础。此外，在分析环境规制对农业科技进步的影响因素分析时，由于农业科技进步主体的多元性和复杂性，本研究将农业科技进步主体化解为农业科研创新主体和农业新技术采纳主体，分别运用不同的计量分析方法，对农业科技进步的过程进行了较为详尽的实证分析，这有利于对环境规制传导效果的分析。

（2）研究方法的创新。在验证农业污染和经济增长关系时，考虑到农业污染因素的多样性，本研究运用主成分法将农业污染影响因素进行"降维"，并根据提取因子的贡献率抽取了农业污染综合指标为定量分析提供了便利。在验证"波特假说"在农业领域的作用机制时，考虑到"波特假说"的长期性的实施条件，选择了 VAR 模型，运用了 Johansen 协整分析以及脉冲响应和方差分析对这一作用机制、影响程度和滞后趋势进行了实证模拟，而且验证的效果较为明显。在分析环境规制对农业科技创新的传导机制时，选择了滞后回归模型对环境规制的即期影响和滞后期影响进行了实证分析和比较。VAR 模型和滞后回归模型的运用使得长期分析在本研究中得到了突出的运用，这既是本文的特色，也构成了方法上的创新。

（3）研究视角的创新。研究视角的创新是从农业领域来对"波特假说"进行实证检验，但这也为研究提供了较多的困难，主要是由于农业进步主体的多元性和农业科技进步过程的复杂性往往会扭曲环境规制对农业科技进步的传导机制，因此，分析时需要注重对实证方法的选择和相关理论的研究。但从农业视角研究环境规制的传导机制，既能实现研究视角的创新，又能拓展环境规制的研究理论，提高理论的应用价值，这是本书的研究价值所在。此外，本书在研究上既注重宏观视角的研究，例如对环境规制的传导机制的研究，也注重微观领域的研究，如从农户的生产行为考虑环境规制对科技进步的传导机制的影响因素，使得研究更加深入。本书既有短期视角的研究，如考虑环境规制的即期效应，更注重长期视角的分析。

1.7.2 研究的不足

本研究不足在于：

（1）波特假说运用于农业领域存在一定的困难，主要在于农业科技进步主体的多元性和农业科技进步过程的复杂性扭曲了环境规制的传导机制并影响着环境规制的传导效果，这也是研究需要克服的一个难点。

（2）本研究主要研究环境规制对农业科技进步的传导机制，但农业环境规制在中国虽然已经得到重视，并逐渐建立较为科学的规制政策体系，但农业环境规制的政策仍然较为零散，命令-控制型规制政策仍然占据较大分量，这为研究提供了较大的困难，诸如环境规制强度指标的选择，环境规制效果的实证分析等，这些也不同程度影响着本文的分析结论。但随着今后环境政策体制的完善、科学的环境规制工具的运用，本研究的后续研究将不断完善。

（3）环境规制强度指标的选择是本研究的薄弱点，这是因为中国农业环境规制的政策较为零散，农业环境投资数据难以获得，而农业环境的改善又多以有机肥的使用、良种的采纳以及生产结构的调整来进行的，与工业领域相比，环境规制强度指标难以寻找较合适的替代变量。随着农业环境政策体系的完善，今后将会有更加合适的环境规制强度指标来替代，这也是本研究需要改进的地方。

（4）在研究环境规制对农业科研创新的影响时，由于安徽省农业科技专利指标数据的缺失，研究只从农业科研支出角度考虑农业科研创新指标的衡量，这也造成了分析的片面性，有待今后的改进。

（5）实地问卷调查，虽然能真实地获取农户生产的微观数据，真实可靠，便于实证分析。但获取的数据一般仅为静态数据，难以从长期考虑农户对新技术的采纳意愿情况，有待于研究数据的积累和研究方法的改进，是今后研究值得关注的方向。

第二章　理论基础与国内外文献综述

2.1　理论基础

2.1.1　外部性理论

外部性是指经济主体自身的经济行为对社会上其他人的福利产生一定的影响，而没有与之发生任何的交易关系，外部性包括正的外部性和负的外部性。在农业生产过程中，农业生产者为了实现自身的经济目标，在进行生产决策和经济决策时，其自身行为会对农业生产环境产生的一定的影响，而由此导致的成本可能被其他生产者或社会所承担，或者由其产生的收益可能由其他生产者或社会所享有，这样便产生了农业生产的外部性。本书主要讨论农业生产者由于不合理使用生化肥料、农药和不节制排放农业废弃物而导致的对环境的不利影响，即负的外部性。在负的外部性的前提下，农业生产者的行为必须由政府采取相应的政策手段予以纠正，这样便导致了政府的环境规制行为。可见，外部性理论是环境规制问题的理论基础。

外部性理论最早追溯到马歇尔。马歇尔（Marshall）在其《经济学原理》（*Principle of Economics*，1890）中写道："我们可以把因任何一种货物的生产规模之扩大而产生的经济分为两类，第一种是有赖于这种产业的一般发达而产生的经济，第二种是有赖于某种产业的个别企业的自身资源、组织和经营效率的经济。我们把前一种称为外部经济，将后一类称为内部经济。"马歇尔的外部经济是将许多性质相似的小企业集中在特定的地方而获得。这样由于各个企业之间的技术、技能和生产方法的交流而降低了企业的生产成本，同时也由于相关辅助工业的产生，而使得生产环境得以改善，从而产生了外部经济。马歇尔的理论对由于企业规模的扩大而使企业的生产成本得以降低的经济现象，从理论上进行了概括和抽象，并提出了外部性的概念。当时，还没有涉及"外部不经济"即"负的外部性"，尽管这样，马歇尔已经将外部经济和外部性概念引入经济学家的视野。

马歇尔的外部性思想由于其空洞而抽象的解释而被后来的经济学家称为解释"外部经济"的一只"空盒子"。而庇古（Pigou，1924）首次用经济学的方法从福利经济学的角度系统地研究了外部性问题，在马歇尔提出"外部经济"概念基础上将外部性概念进一步扩充，提出了"外部不经济"的概念和内容，将外部性问题的研究从外部因素对企业的影响效果转向企业或居民对其他企业或居民的影响效果。在外部性理论中，庇古提出了边际私人成本、边际社会成本、边际私人纯产值和边际社会纯产值等概念，并以此作为理论分析工具，形成了静态技术外部性的基本理论。庇古认为，由于边际私人纯产值和边际社会纯产值的差异，新古典经济学中认为完全依靠市场机制可以形成资源的最优配置从而实现帕累托最优是不可能的。在现实世界中，私人边际成本和私人边际收益并非任何时候都等于边际社会成本和边际社会收益。庇古用灯塔、交通、污染等例子来说明经济活动中经常存在的对第三者的经济影响，即外部性。因此，要依靠政府征税或补贴来解决经济活动中广泛存在的外部性问题，也即对边际私人成本小于边际社会成本的生产者征税，对边际私人收益低于边际社会收益的生产者予以补贴，当税收（补贴）数量正好等于生产者造成的社会环境损失（收益）时，外部性便可以内部化了。在环境规制政策工具里，污染税、补贴、排污费等价格规制手段都是庇古税理论的应用。

科斯在《社会成本问题》中指出，外部性的存在在于相互性。庇古将外部性确定为一方对另一方的损害，试图通过将责任强加于外部性的引发者以此来纠正外部性，外部性的出现在于缺乏对产权的界定。科斯认为只要产权是明确的，并且企业的交易成本为零或者很小，产权的初始分配并不影响资源的配置效率，通过对初始产权的交易重组，外部性就可以内部化。在科斯定理出现之前，西方经济学家认为，如果存在外部性的影响，市场机制就无法导致资源的最优配置。而科斯定理则说明了在外部性存在的情形下，只要产权是明确的，市场机制总能够使外部影响"内部化"，从而仍然可以实现帕累托最优状态。在环境规制的政策工具里，污染许可证、排放许可证、可交易许可证等数量许可证限制手段都是科斯产权理论的应用。

2.1.2　科技进步理论

2.1.2.1　科技进步的概念

有关"科技进步"的论述始于 20 世纪初，由著名的美籍奥地利经济学家熊彼特（J. A. Joseph Alois Schumpeter）最早应用于经济学分析中，在其著名的《经济发展理论》一书中，熊彼特提出了"创新"的概念。之后，人们继续对"创新"做出种种不同解释。后来，人们把它归结为"科技进步"这一概念，许多学者曾经给科技进步下过定义。在经济学中，最具有影响力的是雅各布 - 施莫克勒（Jacob-Schmookler）和埃德温·曼斯费尔德（Edwin Mansfield）的定义：科技进步指给以同样的投入可以产生更多的产出；或用较少的一种或多种投入量得到同样的产出；或者现有产品质量的改进；或者生产出全新的产品。

对农业科技进步的概念界定，从 20 世纪 80 年代起我国学者就提出了许多观点，并进行了广泛研究，在 20 世纪末基本达成比较一致的观点，近年来还有新的观点提出，比较有代表性的观点有两类：杨俊杰等（1995）的定义，农业科技进步是一个不断创造新理论和发明新技术，推广应用新成果，把新的农业科学技术资源变为物质财富的增值，从而提高经济效益的前进过程；[1] 朱希刚（1997）的定义，农业科技进步是指人们应用农业科学技术去实现一定目标所取得的进展，此目标可以是提高农产品产量，改善农产品品质，可以是降低生产成本，提高生产率，也可以是减轻劳动强度、节约能源、改善生态环境等。[2]

2.1.2.2　科技进步的模式

科技进步的模式具有代表性的论述主要有三种：

生产要素节约型科技进步模式由希克斯（J. Hicks）提出。按照上述定义，科技进步可以节约要素使用量，这种模式便是根据科技进步对生产要素的节约程度来确定分类的。希克斯根据科技进步对资本和劳动的节约程度的

---

① 杨俊杰，胡仕银.重视探讨农业科技进步的负效应 [J].云南科技管理，1995（5）：6 - 8.
② 朱希刚.我国农业科技进步贡献率测算方法 [M].北京：中国农业出版社，1997.

差异把科技进步分为资本节约型、劳动节约型和中性型三类。

诱致性科技进步模式由速水佑次郎（Yujiro Hayami）和弗农·拉坦（Vernon W. Ruttan）提出。速水和拉坦揭示了资源禀赋、文化禀赋、技术和制度之间的一般均衡关系，他们的研究表明，一些国家已经通过一系列的创新实现了技术投入品对土地和劳动的替代，从而克服了资源约束。

人力资本投资模式由舒尔茨（T. W. Schltz）提出。舒尔茨认为，传统农业向现代农业转变需要投入新的技术。而新技术的最终需求者是农民，传统农业技术停滞的一个重要原因就在于农民的知识水平低下阻碍了新技术的推广。因此，要想保证技术成果转化的成功进行，必须提高农民接受新技术的能力，要让农民学习知识，但学习是需要花费成本的。所以，要向农民投资，提高农民的文化素质和工作能力，也即对农民的人力资本投资。这些投资活动包括：教育、健康、在职培训、流动等等。舒尔茨的人力资本投资模式对科技进步的贡献在于，他从技术的需求与推广的角度给了人们一定的启示，弥补了诱致性技术进步模式的不足。

严格的环境政策会促使农业生产者运用技术改善生产环境并提高产品的质量，并由此导致科技创新，这实际是一种诱致性的科技进步模式，但农业的科技进步受到农业生产者自身特征的影响，因而环境规制对农业科技进步的促进作用较弱，本书也将在大量调查数据的基础上对此进行验证。

2.1.3 农业科技进步理论

2.1.3.1 农业科技进步的概念

农业科技进步是指农业生产过程的改善和农业生产技术的改进，不仅包括农业理论和技术的创新，还包括制度创新、管理创新等非技术因素在内的创新。从农业科技进步的过程来看，农业科技进步是指满足现代农业发展需要，将农业领域资金、人力资源投入、转化为农业新理论、新技术的过程，包括农业技术的研究和开发、农业技术推广、农业技术应用和农产品社会价值的实现等环节。在这里的农业科技进步主要是指在"清洁生产"条件下的农业科技创新，包括低毒农药、有机肥的使用、良种的采用、农业生产环境的治理技术等等，还包括农业生产结构的改善和组织管理的改进。

2.1.3.2 农业科技进步的特点

农业科技进步由于其创新主体、创新环境以及发展过程的复杂性，形成了以下几个特点。

（1）复杂性。农业科技进步的复杂性主要是指农业科技创新主体、过程以及所处环境的复杂性。农业科技进步主体是由农业科技创新主体和农业新科技采纳主体两部分构成，在实际创新过程中，农业科技进步主体涉及政府、科研机构、企业、农业科技推广部门、各种农业经济中介服务组织以及农户等，各种主体之间存在利益目标的差异性、利益关系的复杂性，难以形成一个统一的整体，缺乏相应的机制予以整合。农业科技进步外在环境的复杂性主要是指农业科技进步的外在环境受到自然条件、市场条件以及经济、社会环境的限制，科技进步的过程缓慢、成果转化率相对偏低。农业科技进步过程不仅受到自然条件、生物生长规律的制约，还受到市场条件，例如销售渠道、资金的获取渠道、人力资源以及产权制度等，以及政府的政策环境条件，例如政府的农业产业政策、农业新技术创新的激励制度等的影响。农业科技进步过程本身的复杂性指的是农业科技进步从总体上来说是以收益和整个社会福利最大化的系统的农业技术性变革过程，这一过程包括以新产品、新技术、新品种以及新的生产方法的获得为研究方向而开展的研究与开发、推广与扩散以及生产与销售等过程（见图2-1）。在整个农业科技进步过程中，科技进步主体的多样性、目标的复杂性以及创新环境的不确定性使得科技创新的过程具有复杂性，特别是农业科技进步的最终接纳者是以分散的农户为主体，他们的知识水平、科技意识以及市场条件的限制，对新科技的采纳意愿不够强烈，影响着科技进步的进程，需要政府加以扶持和引导。

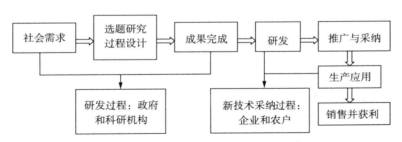

图2-1　农业科技进步的过程示意图

Fig. 2-1　Progress of Agricultural Science and Technology

（2）风险性。农业科技进步的风险性表现为技术研发和成果推广的风险，还包括产品的市场风险。技术研发风险主要是指农业科技创新都是属于科技前沿，特别是农业高新技术具有超前研究的不确定性，从研究的构思到研制、实施，其成功与否难以预料。成果推广的风险主要是指在农业科技成果的推广中，新产品的生产主体的特质、市场条件等制约着农业新技术的采纳，影响着农业的科技进步。农业新技术的采纳主体主要是农户，他们自身特征、资金和技术接受程度的限制，影响着他们对农业新技术的采纳，而市场条件的限制主要涉及资金的限制、技术培训的渠道以及政府的激励政策等对技术采纳者的影响。新技术推广的风险主要是指产品自身特质而导致的产品风险和市场条件导致的市场风险两种。产品风险一是指农产品在流通过程中，具有易腐性和易损伤性，本身损耗较大而导致流通成本的增加，而在生产销售过程中由于其小规模、分散化和多环节的特征导致经营成本较高，由上述成本提高所引发的风险。二是指由于农产品的需求弹性较小，产品的供给变化会引起产品价格的较大变化而影响农民的收入，形成所谓的"谷贱伤农"现象。市场风险主要是指由农业新技术生产的产品，特别是绿色农产品在投放市场之前由于成本高、消费者对产品的接纳程度不高而导致产品的市场需求不足而形成的风险，而且绿色农产品的市场认证到品牌效应的形成需要一个过程，这对于处于技术创新初期的农产品而言，具有较大的市场风险。

（3）公共产品性质。萨缪尔森对公共产品的定义是"每个人对这种产品的消费，都不会导致其他人对该产品消费的减少"。公共产品具有非竞争性和非排他性的特点，因此，在市场条件下，公共产品只能由政府来提供。而农业科技进步具有公共产品的性质，所以农业科技产品具有非竞争性的特点。农业科技产品的享有并不排斥其他人的享有，一个生产者对产品的使用并不排斥其他生产者对产品的享有，也不会减少其他人享有的数量和质量，增加一个使用者的边际成本为零。农业科技产品还具有明显的利益外溢性，农业科技产品的所有者难以获得其科技创新所获得的所有收益，收益常常是外溢的。最后，农业技术进步所具有的风险性也使得农业科技产品的提供靠市场是难以满足农业生产的需要的，而必须由政府予以干预。

2.1.3.3　农业科技进步的主体

根据农业科技进步的含义和特点，农业科技进步是一个由研发到推广、应用的一系列过程，与工业领域不同，这一过程难以由某一部门或组织来承担，农业科技进步是一个较复杂的技术创新过程，需要多个主体相互配合，共同参与完成。农业科技进步主体是以农业技术创新为目的，由研究开发、技术服务与管理、农业企业和农户组成的结构复杂、功能多样的结合体（见表 2-1）。我们可以将农业科技进步主体划分为农业科研创新主体和农业新技术采纳主体两部分。农业科研创新主体是指农业新技术的创造发明主体，一般是由政府、科研部门和研发企业构成。而农业新技术采纳主体则由生产性企业和农户组成。

表 2-1　中国农业技术进步主体的结构与功能

Tab. 2-1　Structure and Function of Agricultural Technology Innovation in China

主体名称	功能	特点
政府	农业技术创新的引导者和组织者	农业技术创新的中枢，创新的间接主体
农业科研机构	农业技术创新的源头，农业科技成果的供给者	农业技术创新主体，创新的生力军
农业科技企业	农业科技创新的营运中心，产业化组织的龙头	农业技术创新和供给主体
农业经济合作组织	农业科技创新的联络者和传播者	农业技术创新和需求主体
农户	农业技术创新的实施者和受益者	农业技术需求主体，创新的间接主体

资料来源：白献晓，薛喜梅．农业技术创新主体的类型、特征与作用［J］．中国农业科技导报，2002（2），76-78.

（1）农业科研创新主体

农业科研创新主体主要是指农业科技创新的引导者、组织者以及创新产品的供给者。主要包括政府、农业科研机构和相关科技企业，是农业科技进步的实施者。

政府。农业科技进步具有风险性和公共产品的性质，单靠市场机制供给可能会造成农业科技产品供给的不足，同时也会影响到农业科技产品的供给结构，因而农业科技进步需要政府予以引导、组织并建立适当的农业科技产品的供给机制，需要发挥政府在科技产品供给机制中的主导地位。政府在农业科技产品供给中需要建立相应的制度引导农业科技机构和企业从事农业科技创新，建立相应的激励机制，诸如政府奖励、税收优惠和适当补贴政策，鼓励这些组织从事创新活动，并对其研究方向加以引导。同时，政府是农业科技进步环境的营造者，通过制度创新鼓励更多的科技人员从事农业科技创新，为农业科技进步提供人才支持，建立相应的知识产权保护制度，对科技创新成果予以保护。政府还是农业科技创新的主要资金供给者。农业科技创新具有不确定性，风险大，政府的资金支持是创新活动得以开展的根本保证，政府需要建立农业科技专项基金，确保农业科技创新活动的进行。

农业科研机构（科研企业）。在中国从事农业科技创新的主体是农业科研机构，承担着农业科技创新的核心任务，即培养农业科技创新人才，研制新产品、新技术，发明新方法。这些组织多隶属于政府机构，属于行政事业单位，在客观上追求整个社会福利目标的最大化。它们是农业科技成果的直接供给者，是农业科技创新的生力军。在资源和环境问题突出的形势下，农业科研机构的使命更加突出。而在当前条块分割较为严重的管理体制下，科研机构的科技创新难以与市场需求紧密结合，不利于科技与经济的紧密结合。因此，科研机构的企业化转轨是当前科研机构改制的方向，这样就能实现科研机构的公益化和市场化的紧密结合。农业科研企业在中国数量还较少，大多数隶属于高校和科研机构，尚未形成农业科技创新的核心力量，主要原因是规模偏小、资金不足、科研实力不强以及组织化程度偏低，难以形成科技创新的独立力量。

（2）农业新科技采纳主体

农业新科技采纳主体是指农业新技术的推广者和使用者，主要包括农村合作经济组织、农户和农业生产性企业。

农村合作经济组织。农村合作经济组织是农业新技术转移和扩散的桥梁，是联系科研机构、农户和市场的纽带，它的存在有利于农业科技成果的产业化，有利于节省市场交易的成本，降低农户参与市场竞争的风险。当前我国的农村合作经济组织主要来源于：科技协会发起组织建立的组织，农业技术推广站等政府事业及乡村干部组织建立的组织，以及由供销合作社发起建立的组织，由龙头企业建立的和由农村中的专业户、经销大户等自发建立的组织。农村合作经济组织主要在新技术的引进、宣传及培训中发挥主导和纽带作用，此外还在产品生产、加工、销售等环节引导农户进入市场，使得生产和销售有机结合、相互促进，有力地提高了农业新技术的采纳程度，推动了产品的市场需求空间。但当前中国的农村合作经济组织还存在覆盖面较低、组织发展不够规范以及内部治理结构不合理的局限性，难以在农业新技术的推广和使用中发挥其应有的作用，需要政府积极扶持和引导。

农户。农户直接从事农业生产性劳动，位于农业科技应用的终端，是农业新科技需求的主体，是农业新技术采纳的直接主体。因此，在环境规制条件下，农户对新技术采纳意愿如何，直接影响着农业科技成果的转化，影响着农业的科技进步。而农户对新技术的采纳又受到其自身特征如受教育程度、非农收入、社会关系网络以及环境意识等，市场条件如资金获取渠道、产品销售渠道以及新技术获取难易程度等，以及政策环境条件例如政府补贴、政府的新技术宣传和培训状况等方面的影响。当前中国仍然存在农户受教育程度较低、耕地较为分散，资金获取渠道不畅通、政府补贴较为薄弱以及新技术的宣传和培训不够及时、有效的状况，这些无疑会影响农户对农业新技术的采纳意愿，从而影响着农业的科技进步。

农业生产性企业。农业生产性企业也是农业新技术采纳的重要主体。农业生产性企业作为农业科技创新的主体，具有较强的经济利益导向，在市场经济中应当能够成为农业技术进步的主体。但在现实经济中，由于农业生产本身具有的产品弹性小、生产周期长以及风险较大的特点，因而真正具有创新实力的农业企业数量很少，难以成为农业科技创新的主体。但值得一提的是，在农业生产企业中，农业产业化龙头企业由于其将农产品的生产、加工、流通和农业服务与农户的生产紧密结合，在生产经营过程中，能够和农户建立风险共担、利益共享的联动机制，不仅能够降低农户在经营过程中的市场风险，而且能够提高产品的品牌和竞争力。这种机制符合当前以联产承包责任制为框架的分散的农业生产形势，有利于调动农户生产积极性，保护农户的利益，能够促进他们积极地利用新技术，提高产品质量和竞争力。但在当前，农业产业化龙头企业数量较少，规模不大，与农户的利益联系机制不够紧密，企业内部经营者素质不高，缺乏科学的经营管理机制，这些导致在现实生活中其带动作用表现不够。

相对于工业而言，农业的科技进步主体具有多元性的特点。农业科技进步主体主要是由农业科研创新主体和农业新技术采纳主体两部分构成，两者的目标不够统一，前者是以政府为主导的科技成果的提供者，是科技创新前期活动的组织者和投资者，其目标主要是公益目标和社会利益，而后者是技术创新的后期承担者，是新技术采纳的主体，其目标是经济利益的最大化。多元化的科技进步主体使得创新机制难以统一、协调，这势必会影响农业科技进步的效果。

2.1.4 诱致性科技进步理论

2.1.4.1 理论概述

诱致性科技创新理论是研究农业领域技术变迁的重要理论之一。该理论主要从厂商理论发展出来的，是将资源禀赋与技术变革结合在一起，用来解释自然资源禀赋的变化对技术变迁的影响。该理论主要包括两个分支。一是"施莫克勒-格里利切斯"（Schmookler-Griliches）假说，属市场需求诱致性技术创新理论，重点关注产品需求的增加对技术变革速度的影响。格里利切斯（Griliches，1957）在对美国的杂交玉米的发明和推广研究中，运用这一理论解释了市场需求对杂交玉米技术的推广的影响，但并没有用一个较好的理论模型予以解释。[①] 施莫克勒（Schmookler，1966）对美国炼油、造纸、铁路和农业的投资、产出和这些行业专利数量关系进行了考察，认为这些行业是先有投资和产出的变化，而再出现专利数量的变化。在截面数据的分析中发现美国1939—1947 年的 2011 个产业的投资数值分别与随后 3 年的资本品专利数呈较高的相关关系，他明确地肯定了市场需求在技术创新中的作用，认为"引致发明的因素在于市场力量的作用而不是其他可以获得的基础知识"[②]。

而另一个分支是要素稀缺性诱致性技术创新理论，也即"希克斯-速水-拉坦-宾斯旺格"假说，该假说的核心理论认为，资源禀赋的变化会引起要素相对价格的变化并由此引起技术的革新。希克斯的诱致性技术创新理论认为，一种生产要素的稀缺性就会导致这种生产要素价格的上涨，这样就会诱使减少这种要素相对使用量的一系列技术变革。该理论说明了资源稀缺给经济造成的影响会被稀缺要素得到技术进步所消除。

速水和拉坦在 20 世纪 70 年代对这一理论进行了发展，在希克斯技术创新理论的基础上，将技术变革和制度变革结合起来作为经济制度中由要素供给和产品需求所引导的内生变量，同时将技术变革和制度变革之间的相互影响结合起来，说明二者对社会的特定文化禀赋的关键性影响，这一理论模型

---

① Griliches, Z. HybridCorn. An Explanation in the Economics of Technological Change [J]. E-conometric. 1957, 25 (4)：501 - 522.

② Schmookler, J. Invention and Economic Growth [M]. Cambridge：Harvard University Press, 1966.

又称为"速水-拉坦"诱致性技术创新模型。该理论主要从两个方面解释了技术变迁的过程。首先从要素禀赋的稀缺性角度解释了技术的变化，认为要素供给的相对稀缺会导致要素价格的变化，并由此导致技术进步的变化，实现丰富而廉价的投入品对稀缺而昂贵的投入品的替代。例如，在劳动力相对稀缺的经济中，劳动力的相对昂贵会引起机器代替劳动的技术变革趋势的出现，而在土地相对稀缺的经济中，土地价格相对昂贵会诱使更多使用劳动、化肥、良种的技术替代土地技术变革的发生。"速水-拉坦"模型运用相对价格曲线和生产可能性曲线解释了这一技术变革的发生。在技术创新理论的基础上，该理论还进一步提出了诱致性制度创新理论，认为资源禀赋的差异在实现了技术变革之后，会导致新的高收入阶层的产生和相对要素禀赋价值的变化，这些变化会进一步促使了制度的变革。该理论指出了各国发展农业生产必须根据本国实际选择相应的农业技术进步。[①]

宾斯旺格（1974）构造了一个要素节约倾向的简单技术变革模型，他认为"希克斯-速水-拉坦-宾斯旺格"假说和"施莫克勒-格里利切斯"假说这两种传统可以整合到一个单一的以企业的利润最大化行为为基础的诱致性技术变迁模型中去。

农业科技进步属于诱致性技术创新，环境规制会导致农业环境成本的上升，这样就会促使生产者使用节约环境资源的生产技术。环境新技术的采纳和使用，一方面降低了生产对环境的影响，另一方面也提高了产品的产量和品质，在产品的创新过程和生产过程的创新中弥补了环境的成本，提高了生产的效率。

2.1.4.2　农业科技进步的诱导机制

环境规制对农业科技进步的传导机制实际上是诱致性科技创新理论的一个应用。在环境规制条件下，农业科技进步的诱导机制主要包括政府推动的诱导机制和市场需求拉动的诱导机制两个方面。

（1）政府推动的诱导机制

政府推动的诱导机制主要是指政府为实现既定的环境目标，以各种政策方式和措施引导并推动政策目标群体积极地进行科技创新的诱导机制。在环境规制条件下，政府的诱导机制主要包括环境税制度、环境补贴制度和生态

---

① 车维汉．发展经济学［M］．北京：清华大学出版社，2006：226-229．

补偿机制。

环境税制度。环境税是指为了实现既定的环境目标而对生产者征收的各种类型税收的措施。环境税的基本类型见表2-2。由于环境污染的外在性，环境污染会导致社会的环境成本增加，环境税的开征可以将外部成本内部化，将社会成本转移给环境污染者，这样通过价格机制的作用重新配置自然资源，鼓励自然资源耗费少、环境污染程度低的企业，而淘汰高能耗、高污染企业。而资源的重新配置又是通过技术的创新手段来完成的。在环境税条件下，低消耗、低污染的产品得以受到政府税收的支持，这将会促使企业积极开发有利于节约自然资源和改善环境的技术，这不仅能提高产品质量，改善生产环境，而且还会提高科技进步水平，提高企业的生产力。

表2-2　环境税的基本类型

Tab. 2-2　Basic Types of Environmental Tax

类型	征收对象	征收目的	实践举例
污染税	污染物或污染行为	防止污染	二氧化硫税（芬兰、挪威、瑞典）
资源税	自然资源的开采、使用	节约资源	自然资源的开采、使用节约资源
综合环境税	一般经济行为或收益	筹集资金	环境收入税（美国）

注：我国现有的排污收费，虽是一种收费，但从一定角度看也具有污染税的性质。另外还有分散在各税种中的不同税式支出政策，如国内对"三废"为原料的生产企业的增值税、所得税的减免，以及国外对资源节约与环境保护方面的税收豁免、投资抵免、延期纳税、加速折旧等。由于征税对象不一致，所以在表2-2中没有列出，但这些也是环境税的表现类型。

资料来源：王哲林. 可持续发展条件下我国环境税有关问题研究［D］. 厦门大学，2007：47.

环境补贴制度。政府的环境补贴制度是指政府为达到控制环境污染的目的，根据企业污染排放量的减少程度给予其一定程度补贴的政策，其目的是促进企业加大对环境技术和设备的投入力度，降低环境污染的影响程度。对农业科技进步具有激励作用的环境补贴政策主要指的是"绿箱"政策，主要涉及一般性农业服务，如农业科研、病虫害控制、培训、推广和咨询服务、检测服务、农产品市场促销服务、农业基础设施建设等；收入保险计划，自然灾害救济补贴，农业生产者退休或转业补贴，农业资源储备补贴，农业结构调整投资补贴，农业环境保护补贴等等。环境补贴制度主要是为农业生产者提供行为的讯息，引导他们积极地采用农业新技术，改善环境质量。

生态补偿机制。农业环境生态补偿是指政府对生产者生产农业环境产品所支付成本的合理补偿，能够使得生产者积极地利用环境技术提高产品质量，改善生态环境，实现自身利益，因而能够实现生产者的利益机制和农业生态环境功能的有机统一。生态补偿机制主要通过健全生态补偿的财政政策和相应的市场化工具来实现。将生态补偿内容纳入政府的预算体系，完善税费制度，内化外部成本和收益、整合现有生态补偿财税政策，实行财税政策的创新，如开征生态补偿费和生态税。[①] 生态补偿政策会降低生产者利用新技术整治环境的成本，有利于技术创新补偿效应的实现。

（2）市场需求拉动的诱导机制

市场需求拉动的诱导机制是指农业新技术的最终产品绿色农产品的市场需求增加以及市场销售渠道的畅通，会促使生产者积极地采纳新技术，不断提高产品供给满足市场需求，从而获取收益并由此引发农业科技进步的这一作用机制，这一激励机制的实质实际上是一种诱导性技术创新变革过程。

市场需求是技术创新的动力。人们收入水平和生活质量的提高，环境意识的增强，对产品质量和环境质量要求也会随着上升，这些会激发他们对绿色农产品的市场需求的增加，会增加对环境技术的需求，从而由技术创新引发产品创新进而影响整个产业的创新。此外，环境技术创新属于绿色技术创新，有利于改善产品质量和环境条件进而提高生活质量，提高整个社会的福利水平，有利于企业树立良好的产品形象和企业形象。

但农产品的市场需求的改善还受到产品特征和市场条件的制约，从而影响着其激励机制。农产品大多数属于生活必需品，需求弹性较小。市场需求受价格和收入的变化影响较小，难以激发生产者的技术创新热情。农产品的生产周期较工业产品长，市场价格调节具有滞后性，市场风险较大。农产品的季节性强，受自然条件的影响较大，这些增加了农产品的生产风险，影响着农业科技进步。同时，我国的农业生产是以分散的农户生产为基础的，农户的生产规模较小，组织化程度低，产品不具有市场竞争力，采用新技术的成本较高，产品的市场风险也较大。

---

① 李荣娟，孙友祥. 完善我国生态补偿机制的几点建议［J］. 宏观经济管理，2011（8）：49-50.

改善农产品的市场需求条件需要加大农产品创新力度，提高产品的品牌效应，改善农产品销售渠道，增强产品的竞争能力。农产品市场条件改进的途径主要有：加大对绿色农产品的市场培育力度，建立农产品的绿色认证制度，绿色农产品标志是形成产品差异的重要特征之一，也是消费者区分市场的重要标志。绿色产品的认证可以使其获得市场认可并实现农产品的优质优价，通过产品创新补偿来促进农业科技进步。通过龙头企业和农村合作经济组织来建立产品的生产、销售的产业链，由规模经济来实现产品经济效益和品牌效应。这样，既可以降低农民直接参与市场竞争所面临的风险，又可以扩大产品影响，提高产品的市场份额，形成更多的市场需求。

2.2　国内外文献综述

2.2.1　环境规制的理论研究

2.2.1.1　对规制概念的研究

西方经济学中将"规制"界定为政府根据相应的规则对微观主体行为实行的一种干预，如政府为控制企业的产品价格、销售和生产决策而采取的各种行动构成了政府对价格、市场进入等的规制。其实质是政府运用法律法规对微观经济主体的经济行为进行影响、干预和规制等，政府规制是规制经济学中的一个重要概念，人们对其认识和理解的不同而产生了不同的表述。

施蒂格勒认为，规制的设计和执行是为规制产业自身服务的，政府规制并不是政府对公共需求的一种反应，而是行业中的厂商利用政府的权力为自己谋利的一种努力。丹尼尔·史普博认为经济学中的规制是由政府制定并执行的用于直接干预市场配置机制或间接调节企业和消费者供需关系决策的规则或行为，规制政府为了解决市场失灵而通过政府政策来干预消费者和企业之间的互动过程，以达到再分配的目的。[①]

日本经济学家金泽良雄认为政府规制是以市场机制为基础的经济体制下，以矫正和改善市场经济的内在问题为目的，政府干预和干涉经济主体活动的行为。这里的政府干预既包括积极的干预（保护协助）和消极的干预（规制

---

① 丹尼尔·史普博. 管制与市场［M］. 上海：上海人民出版社，1999：：37－39.

权力），还包括强权性干预和非强权性干预。①

而日本经济学家植草益则给出了规制的最一般性的概念，认为规制是依据一定的规则对构成特定社会的个人和经济主体的活动进行限制的行为。根据规制的不同手段，他把规制划分为直接规制和间接规制两种类型。直接规制是指由行政机关和立法机关直接对活动主体所采取的干预行为，规制措施包括经济规制和社会规制两种。经济规制是针对特定产业的规制，主要是针对自然垄断产业的限制，具体有公共事业、交通、通信、金融业等产业。经济规制的目的是防止资源配置低效率的发生并促使资源公平合理的利用。社会规制是不分产业的规制，主要对于外部性等问题，由政府对企业进行限制以防止外部性的发生，保护健康以及生产的安全。而间接规制主要是指政府对不公平竞争的限制，即政府通过反垄断法、民法、商法等法律对垄断行为进行间接制约。

国内学者张帆（1995）认为，政府规制是政府利用法规对市场进行的制约，如政府对价格、市场秩序、环境污染的规制。政府规制理论研究政府市场失灵时应采取哪些措施，政府干预是否有效率，或者至少比不干预有效。②经济学家樊纲认为，政府规制是政府对私人经济部门的活动进行的某种规制和规定，如价格规制、数量规制或经营许可等。③

由上述分析可以看出，规制对政府而言是为了克服市场失灵，实现社会福利最大化而对微观主体采取的干预措施或规则，而对企业而言，规制确定了企业参与市场的一种边界，规制对企业的行为有着约束和激励作用。由于规制是一种制度的安排，因而规制政策具有一定的稳定性，能够给企业行为带来稳定的预期，并能够在这一预期下进行理性的投资和经营活动。

2.2.1.2 政府规制的相关理论

政府规制理论从规制的实施过程和实施效果的演变过程可以将规制理论划分为规制的公共利益理论、规制的利益集团理论和激励型规制理论。这些理论是政府实践经验的有效总结，也是政府进行政策规制实践的依据。

规制的公共利益理论。该理论建立的依据是市场失灵理论，形成市场失

---

① 植草益，朱绍文．微观规制经济学 [M]．胡欣欣，译．北京：中国发展出版社，1992.
② 张帆．规制理论和实践 [A]．北京大学经济研究中心．经济学与中国经济改革 [C]．上海：上海人民出版社，1995：154－156.
③ 樊纲．市场机制和经济效率 [M]．上海：上海三联书店，1995：173.

灵的因素主要包括自然垄断、外部性、公共物品和信息不对称等问题，如果自由放任就会导致资源配置的不公正或资源利益的低效率。这样，政府从公共利益的角度出发制定了一系列的政策法规，主要对被控制企业的价格行为和垄断行为进行控制，使其符合政府和公共利益的需要。因此，理查德·波斯纳（R. Posner，1974）认为规制公共利益理论成立的前提是："一方面，自由放任的市场运行特别脆弱且运作无效率。另一方面，政府规制根本不花费成本。"[①]

维斯库兹、维纳和哈瑞（Viscusi，Vernon and Harring，1995）对规制的公共利益理论提出了严厉的批评，他们认为规制并不必然与外部经济或外部不经济的出现或与垄断市场结构相关，许多既非自然垄断或非外部性的产业也存在价格与进入规制。而且即使对于自然垄断进行规制，但也并不总能有效地约束企业的定价行为。[②] 施蒂格勒和弗瑞兰德（Stigler and Friedland，1962）在对美国1912年至1937年期间电力事业的价格规制的效果研究中得出，规制导致价格下降的效应并不像规制公共利益理论所宣称的那样明显。[③]

规制的利益集团理论。规制的公共利益理论在实践过程中逐渐暴露出规制本身的局限性。经济学家从规制效果的实证分析和规制的政治动因角度对规制的公共利益理论提出了质疑，并提出了规制的利益集团理论。该理论认为在市场失灵的背后寻求其他原因导致规制的产生，这样"寻求规制政策的政治原因"成为规制经济学的主要研究主题。迄今，该理论已经经历了规制俘获理论、规制经济理论、新规制经济理论、利益集团政治的委托-代理理论的演进。

规制俘虏理论认为公共利益规制理论夸大了市场失灵的程度，并没有意识到市场竞争和私人秩序能解决这些所谓的"市场失灵"。他们认为规制的政治决策过程最终被产业所操纵，政府不仅不能左右垄断定价，产业反而还会

① Posner, R. A. Theoriesof Economic Regulation [J] . Bell Journal of Economics, 1974 (5), Autumn.

② W. Kip Viscusi, John M. Vernon, Joseph E. Harring, Jr. Economics of Regulation and Antitrust [M] . The MIT Press, 1995.

③ George. Stigler, Claire. Friedland. What can the Regulators Regulate: The Case of Electricity [J] . Journal of Law and Economic, 1962.

通过政府支持垄断。[①] 规制经济理论由施蒂格勒（Stigler，1971）首创，该理论认为政府的基础性资源是强制权，它促使社会福利在不同群体之间的分配，理性的规制参与者试图通过选择行为来实现自身利益的最大化，利益集团的影响力较单个消费者的影响力大，通过自身行为来影响政府的规制，而最终使得规制的过程有利于自身。"规制有利于生产者，生产者总能赢。"佩尔兹曼（Peltzman，1976）在施蒂格勒理论的基础上提出了最优规制政策模型，认为在社会福利的分配中，政府官员未必总去保护垄断集团的利益，而往往向消费者倾斜并最终使得消费者在垄断产业中获利。麦克切斯尼（McChesney，1987；1997）在对规制经济学进行批判的基础上建立了抽租模型也即新规制经济理论。该理论认为规制为规划机构创造了寻租的机会，规制就是规制者创造租金和分享租金的工具。通过建立一个抽租模型分析了政治家如何去通过威胁、然后通过豁免抽取已经存在的租金以获取收益。[②]

拉丰、泰若尔以信息不对称及其框架下的委托-代理理论作为分析前提，将新规制经济理论融入主流规制经济学中，该理论有两个要点：一是引进了信息不对称理论；二是构建了一个规制的委托代理分析框架，改变了传统规制理论只注重需求方而忽视供给方的缺陷。[③]

激励型规制理论。传统的规制理论更多地解释了规制产生的原因，规制的利益导向以及规制所可能涉及的领域，将规制作为外生变量看待。由于规制的存在，规制的失灵和规制的成本的上升便不可避免，需要对规制进行改革，这样激励型规制理论便出现了。激励型规制是指规制者授权企业一个确定的价格，企业通过改变技术条件降低生产成本来获取利润，规制者对企业的控制更多地考虑结果而不是行为，企业根据规制者的市场信号，改变既有的思维定式，突破现有的生产模式，寻求既符合规制要求，又能增加经济收益的技术条件，从而达到规制者的要求。

植益草认为激励型规制就是在保持原有规制结构的条件下，激励规制企业提高内部效率，通过政府规制信号给被规制企业以竞争压力，并诱使其提

①　Kalt，J and Zupan，M. Capture and Ideology in the Economic Theory of Politics [J]. American Economic Revews，1984，74：276－300.

②　McChesney，F. S. Money for Nothing：Politicians，Rent Extraction，and Political Extortion. [M].Cambridge：Harvard University Press，1997.

③　宁方勇．规制经济学的理论综述 [J]．北方经济，2007（1）：8－9.

高生产或经营效率以获取竞争优势。激励型规制关键在于在信息不对称的条件下能够设计出一个合理的规制合同，在这个合同体系下，企业能够自由地选择自己的生产行为，降低成本并提高效率，并能达到规制者所期望的目的，最终实现社会福利的最大化。Joskow 和 Schmalensess（1987）认为激励型规制是一种激励型契约，是一种建立在激励机制为基础的规制合约，要求被规制企业的价格结构部分与其报告的成本结构之间不存在关联性。激励型规制的方法有价格上限规制、标杆规制、特许投标规制、延期偿付率规制、收益共享规制、联合回报率规制以及菜单规制等。

激励型规制理论在技术创新领域有着重要的运用。政府对企业的技术创新激励机制是一种外部激励机制，是市场激励机制、企业内部激励机制的有益补充。从环境规制促进科技进步这个角度看，环境规制应当是一种激励型规制，政府通过税收、补贴以及许可证等多种环境规制手段对企业施加影响，而企业在政府的规制信号下，可以自由地选择环境技术，改善环境满足政府规制的期望，同时也能提高生产效率，降低生产成本实现创新补偿。

2.2.1.3 市场激励型环境政策

环境政策包括命令-控制型环境政策和市场激励型环境政策两种。命令-控制型环境规制是最早使用的环境规制工具，主要通过排放标准和其他一些规章满足环境质量的目标。命令-控制型环境政策虽然能够在较短的时间达到政策规制的预期目标，但由于政策的区分度低，搜寻成本高，执行的效率低下，因而逐渐被市场激励型环境政策所取代。Atkinson&Lewis（1974）和 Tietenberg（2001）将命令-控制型环境政策工具和市场激励型环境政策工具进行对比发现，得出前者所需的成本是后者的几倍甚至几十倍的结论。这主要是由于市场激励型的环境政策工具能够有效地区分企业的边际减污成本的差异，根据边际减污成本等于边际税率的原则选择适当的环境技术，实行技术资源的有效配置。激励型环境政策能够降低环境规制的成本并能有效地促进环境技术的创新。[①]

激励型环境政策工具总体归纳有两种。一种是包括污染税、补贴、排污

---

① Atkinson, S. E. and Lewis, D. H. "A Cost—effectiveness Analysis of Alternative Air Quality Control Strategies" [J]. Journal of Environmental Economics and Management，1974，1（3）：237 - 250.

费等的税费规制，另一种是包括污染许可证，排放许可证、可交易许可证等数量许可证规制。沈满洪等（2001）对两种规制政策工具进行了比较，认为税费规制的理论基础是庇古税，通过对环境污染者征税或者环境保护者实施补贴来使得外部效应的内部化，并能实现资源利用的帕累托最优而达到经济效益与环境效果的双重最佳化。许可证规制的理论基础是科斯定理，与庇古税相比，科斯手段能够在相同的污染控制量上实现成本的最低，避免了政府环境管理部门对控制成本估计错误而造成企业不愿投资的问题。但庇古手段较多地依靠政府干预，而科斯手段则更多地依靠市场机制。其次，庇古手段面临更高的管理成本或者称组织成本，较少面临交易成本；科斯手段面临更高的交易成本，较少面临管理成本。[①]

2.2.2 环境规制对科技进步的传导机制的研究

环境规制对科技进步的影响机制研究主要在两个方面。

2.2.2.1 传统观点

传统学派从一般经济学理论进行推导，从短期静态分析的角度得出环境规制将对科技进步产生不利影响。Christainsen 和 Haveman（1981）认为环境规制会增加企业用于控制污染的成本，因而环境规制在企业正常生产成本之外会增加额外的环境成本而导致总成本的增加。[②] Rhoades（1985）认为企业在严格的环境规制面前会被迫改变生产工艺和生产技术，这样会使企业的研发成本增加而影响企业的技术创新。[③]

Feiock 和 Rowland（1991）认为环境规制会增加企业用于环境投资的成本，并转化到产品的生产成本上引起价格高涨而影响其市场竞争力，而这又必然会影响企业的区位选择决策和生产决策。[④]

Walley and Whitehead（1996）认为环境规制一方面会使企业承担高昂的环境治理成本；另一方面还会引起生产结构的改变，限制企业的资本从有发

---

① 沈满洪，何灵巧. 环境经济手段的比较分析 [J]. 浙江学刊，2001（6）：162－166.

② Christian. G. B. Haveman. R. H. The contribution of environmental regulations to slow down in productivity growth [J]. Journal of Environmental Managemen，1981，8（4）：381－390.

③ Rhoades S E. The Economist's View of the world：Government，Markets，and Public Policy [M]. New York：Cambridge University Press，1985.

④ Feiock，R. and C. K. Rowland. Environmental Regulation and Economic Development. [J]. Western Political Quarterly，1991：56－70.

展前景的项目流向减少污染的项目，影响了技术创新从而制约了企业生产力的发展。[①]

Lanoie and Tanguay（1998）认为环境规制或高的环境标准要求不但限制了企业的生产决策空间，也限制了企业所拥有的包括创新在内的其他机会；而且如果环境规制促使企业进行创新的时间比较长，就会削弱企业的竞争力，对企业的创新激励作用不够。

强制性的环境规制迫使企业改变生产工艺和技术，而在激烈的市场竞争中，反而妨碍企业的技术创新。Leonard（1998）和 Knutsen（1995）则从环境规制对竞争力的负面影响进行研究，认为与受规制影响小的企业相比，受严格环境规制的企业有失去国内和国际市场份额的可能，同时面对严格的环境规制所引起的逐渐增加的运行和投资成本，这些企业会倾向于转移到环境规制宽松的国家和地区生产。

对于环境规制影响企业的技术创新进而导致生产效率的下降，一些西方学者进行了实证的研究。Denison（1981）在对美国 1972—1975 年的非住宅商业部门生产率进行研究时，建立了一个计量经济模型，结果发现美国职业安全与健康管理局以及环境保护局的规制解释了该部门的生产率下降中的 16%。[②] Rhoades（1985）在研究中发现，强制性的环境规制迫使一些企业改变生产工艺和技术，在相当激烈的市场竞争情况下，将妨碍企业进行技术创新活动，从而引发生产率的下降。

2.2.2.2 "波特假说"及其验证

以 M. E. Porter 等为代表的学者在 20 世纪 90 年代提出了环境规制能够产生创新补偿效应以及先行者优势的观点，这一观点的提出为企业实现经济效益与社会效益的双赢提供了新的思路，并引发了有关环境规制对于企业行为与战略管理影响的研究。波特指出，在短期静态分析模式中，企业在技术、产品和顾客需求等维持不变的情况下进行成本最小化决策，势必会造成环境规制成本增加而科技创新成本减少，从而影响产品的市场竞争力。环境规制与科技创新的冲突难以避免，然而从长期动态角度，这一关系将得以改变。

---

① Walley, N. and Whitehead. "It's Not Easy Been Green" in R. Welford and R. Starkey (eds), The Earthscan in Business and the Environment, London, Earthscan [J]. 1996: 334 – 337.

② Denison E. F. Accounting for slower economic growth: the United States in the 1970s [J]. Southern Economic Journal, 1981, 47 (4): 1191 – 1193.

"波特假说"是指"有限理性"的前提下提出的，而这里的"有限理性"正如 Williamson（1981）所说的那样，是指人们在获取财富的同时必须充分考虑资源和环境的约束，也就是说生产者在实现利润和制定策略时必须考虑面对来自外界的诸如环境、资源等方面的限制。①

在"有限理性"的前提下，波特认为"恰当设计"的环境规制政策能够有助于科技进步。Porter 和 Vander Linde（1995）强调这里的"恰当设计"的环境规制政策是指环境规制应当更多地考虑政策预期达到的环境规制的效果，而不是对具体的实现方式和措施进行规定和实行限制，环境规制的目的应当是生产者在考虑实现自身环境目标的同时，如何创造实现科技革新的机会以提升产品的竞争力和企业的竞争优势。Porter 认为环境规制有利于科技进步的主要原因在于环境规制所带来的科技进步和创新以及由此产生的收益会部分，甚至全部抵消应对环境问题所产生的环境成本，通过产品创新补偿和过程创新补偿来弥补环境规制的成本。环境规制的好处不仅在于抵消环境规制所产生的环境成本，而且还能提升产品和企业的竞争优势，从而给生产者带来更大的利益。②

"波特假说"指出了环境规制和科技进步之间的关系，西方学者建立了各种的模型试图验证这一关系。Ulph（1996）建立了一个 Brander-Spencer 战略性贸易的古诺模型进行研究。在环境污染下，寡头垄断性企业往往通过技术创新来减少污染，降低生产成本。而企业间的策略竞争往往又会促使政府加大环境规制的力度，策略竞争的结果不仅促使了环境的改善、成本的降低，更重要的是促进了企业的技术进步。③ Simpson 和 Bradford（1996）在这个模型的基础上将研究推进了一步。研究发现在环境规制下，技术研发不仅能降低生产的边际成本，而且能降低污染物的排放量。政府的税收政策往往使企业不惜以生产的环境外部性而加大对利润的追求，特别是相对于国外竞争者而言，国内企业必须处于斯塔伯格领先者的地位。然而相对于一些特定的国

---

① Williamson，Oliver. The Economics of Organization：The Transaction Cost Approach. [J]. American Journal of Organization，1981，11（3）：548－577.

② Porter，M，and Vander. Linder，C. Toward a concept of the environment－competitiveness relationship. [J].Journal of Economic Perspectives，1995，9（4）：97－118.

③ Ulph. A，Environmental policy and international trade when governments and producers act strategically [J].Journal of Environmental Economics and Management 1996，30（3）：265－281.

际规制和要求而言,政府必须加大环境规制的力度才能促使利润从国外流向国内企业。其实,这并不是政府的最终目的,政府的环境规制应当作为引导国内企业进行技术革新、提高竞争力的政策工具。[1] Schmutzler(2001)建立了一个两时期的古诺博弈模型发现,在第二个时期,环境友好型技术会导致单位生产成本的下降但不会促使总成本的下降,这样会促使外国的环境部门成为本国环境政策的仿效者。[2] Mohr(2002)使用了一个包括大量企业的竞争性的、外在经济和技术间歇性变化的一般均衡模型,新技术的采纳遵循生产的学习曲线。起初,企业处于学习曲线起始阶段并陷入了一种非革新的均衡状态,而政府的环境规制打破这一均衡状态迫使企业积极地采取新技术,使企业沿着学习曲线不断地实现成本的降低,沿着学习曲线向上攀升,同时也实现了环境质量的提高和技术的创新。[3]

Kriechel,Ben & Ziesemer,Thomas(2005)建立了一个 Reinganum - Fudenberg - Tirole 动态博弈模型来说明环境规制和新技术采纳之间的关系,研究得出环境税征收越早越有利于促进企业尽快地采纳新技术。对非采纳新技术者征收的税收越高,企业包括领先者、追随者以及联合采纳者会尽早地采纳新技术。而且在实行环境税的国家,技术领先者获利的机会及数量远远高于没有实行环境税的国家。[4]

Kriechel,Thomas Ziesemer(2009)建立了一个包含时间变量的动态模型来说明环境规制对科技进步的传导机制,以此来验证波特假说。模型是将环境税作为环境规制变量,新技术采纳的时间作为自变量,从动态角度验证了政府的环境税征收程度和生产者采用新技术的最优时间是成反比的,即在政府环境税收越大的情况下,生产者越先采用新技术越有利,以此说明了环

①　Simpson,D. R and Bradford,Robert L,I. Taxing variable cost:Environment regulation as industrial policy [J] . Journal of Environmental Economics and Management,1996,30(3):282 - 300.

②　Armin Schmutzler. "Environmental Regulations and Managerial Myopia" [J] . Environmental & Resource Economics,European Association of Environmental and Resource Economists,2001,vol. 18(1),pages 87 - 100,January.

③　Mohr. R,D. Technicl change,external economics and the porter hypothesis [J] . Journal of Environmental Economics and Management,2002,43(1):158 - 168.

④　Kriechel,Ben & Ziesemer,Thomas. Environmental Porter Hypothesis as a Technology adoption problem [J] . Research Memoranda 008,Maastricht:MERIT,Maastricht Economic Research Institute on Innovation and Technology,2005.

境规制与科技进步之间的关系。[①]

大量的学者对波特假说进行了实证的研究。Jaffe and Palmer（1997）研究了研发支出（或专利应用的数量）和减污成本（环境规制强度的替代变量）之间的关系，他们研究发现研发支出和环境规制强度间有着积极的关系，也就是减污成本每增加 1%，研发支出要增加 0.15%，而专利数量和环境规制强度之间没有统计意义上的关系。但后续的学者研究发现和环境保护相联系的专利数量和环境规制强度之间有着正相关的关系。[②]

Brunnermeier and Cohen（2003）在对美国 1983—1992 年 146 个制造业的面板数据分析时得出环境规制和技术创新之间有正向的变化关系。环境规制强度指标用治污成本和政府的检查、监督活动来衡量，技术创新指标使用成功申请的专利数量来衡量。结果显示，治污成本的增加对环境专利有较弱的正相关关系，治污成本每增加一百万美元，环境专利增加 0.04%。但没有发现政府检查、监督活动对技术创新有显著的影响。[③]

Lanoie，Patry and Lajeunesse（2001）在衡量技术创新程度时用产业的生产率来代替，他们使用 1985 年至 1994 年加拿大魁北克地区 17 个制造业的数据研究，结果发现环境规制对产业生产率的即期影响为负，但长期（滞后 4年）的动态影响为正。从动态角度解释了环境规制对科技进步的促进作用，而这也这正符合波特假说。[④]

2.2.2.3 国内学者的研究

国内学者对环境规制与科技进步关系的研究起步较晚，主要是针对环境规制对企业技术创新的研究，大多数学者的研究结果都是支持"波特假说"的。

徐庆瑞（1995）在对企业环境创新的动力源、资金源和技术源研究时，

---

① Ben Kriechel & Thomas Ziesemer. The environment Porter Hypothesis：theory，evidence and a model of timing of adoption [J]．Taylor and Francis Journals，2009，vol. 18（3），pages 267 - 294.

② Jaffe，A. B.，and K. Palmer. Environmental Regulation and Innovation：A Panel DataStudy [J]．Review of Economics and Statistics，1997，79（4），610 - 619.

③ Brunnermeier S B，and Cohen M A. Determinants of environmental innovation in US manufacturing industries [J]．Journal of Environmental Economics and Management，2003，45（2）：278 - 293.

④ Lanoie P，Patry M，Lajeunesse R. Environment Regulation and Productivity：New Findings on the Porter Hypothesis [R]．working paper，2001.

对江浙 50 多家企业的 62 项环保技术进行案例分析，发现政府的强制性政策法规是企业环境技术创新的动力源。环境技术创新的激励系统可分为三个层次，处于核心层次的是强制规制，对企业环境技术创新的作用是直接的，而位于中间层次的激励型政策手段是通过市场发挥作用的，最外层的是环境教育、产业政策和技术政策，对技术创新的影响是间接的但影响是深远的。[①]

王春法（1999）认为政府管制之所以能够对于技术创新活动产生影响，这在某种程度上主要是因为政府管制可以影响到技术创新过程中制度环境方面的不确定性，从而改变技术创新的资源配置，并通过这种改变影响技术创新的速度、方向和规模，适当调整有关的政府管制措施是有利于技术创新的。[②]

赵细康（2003）认为环境保护政策是从内驱力、内阻力、外驱力、外阻力四个方面对技术创新施加影响的。环境保护政策有利于激发企业技术创新的内驱力，政府的财政和产业倾斜发展政策能大大缓解企业在进行技术开发时所面临的 R&D 经费的不足，化解了企业创新的内阻力；环境保护政策有利于促进社会的需求拉动力，为科技创新提供强大的外驱力，而环境政策对外阻力虽然有促进作用但力量甚微。综合这些因素，环境保护政策是有利于科技创新的。[③]

黄德春和刘志彪（2006）运用 Robert 模型并引入技术系数分析发现，环境规制在给企业带来直接费用的同时，也会激发一定程度的技术创新并能抵消部分或全部费用。因此环境规制可以降低污染水平，也能够促进科技进步，提高企业的生产率，这验证了"波特假说"的观点即环境规制能使被规制的企业受益，环境规制会产生短期的成本，但会被技术进步带来的长期收益所补偿。[④]

赵红（2008）在对"波特假说"验证时，运用了中国 30 个省市（不包括西藏）大中型工业企业 1996—2004 年的面板数据，将每千元工业产值的污染治理成本作为环境规制强度的衡量指标，研究与开发经费投入强度、专利授

---

① 许庆瑞，吕燕，王伟强 . 中国企业环境技术创新研究 [J] . 中国软科学，1995，5：16-20.

② 王春法 . 论政府管制对于技术创新活动的影响 [J] . 世界经济与政治，1999（2）.

③ 赵细康 . 环境政策对技术创新的影响 [J] . 中国地质大学学报（社会科学版），2004（2）.

④ 黄德春，刘志彪 . 环境规制与企业自主创新——基于波特假设的企业竞争优势构建 [J] . 中国工业经济，2006（3）.

权数量以及新产品销售收入作为科技创新指标，实证分析了环境规制对于企业技术创新的影响。实证结果显示，环境规制对滞后一或二期的 R&D 投入强度、专利授权数量以及新产品销售收入比重有显著的正效应，环境规制强度每提高 1%、三者分别增加 0.12%、0.30% 和 0.22%。表明环境规制在中长期对中国企业技术创新有一定的促进作用。①

黄平和胡日东（2010）通过对湖南省环洞庭湖区域的造纸及纸制品企业作为研究对象对环境规制与技术创新关系进行实证的分析，结果表明二者之间呈现相互协调的正相关关系。②

王国印（2011）认为在研究环境规制对科技创新的关系中，用每千元工业产值的污染治理成本作为环境规制的衡量指标，研发支出和专利申请数量作为科技进步的衡量指标，通过滞后回归模型对这一关系进行了检验。他在对我国中东部地区 1999—2007 年有关面板数据的实证分析研究发现，"波特假说"在较落后的中部地区得不到支持，而在较发达的东部地区则得到了很好的支持。③

2.2.2.4　波特假说研究的新进展

"波特假说"从激励型环境规制政策角度论证了环境规制对科技进步的促进作用，但并没有区分具体的环境规制政策对科技进步的影响，这实际形成了其理论的缺陷。波特假说的后继者对不同类型环境政策对科技进步的作用机制进行了较为具体的分析，进一步深化了理论内涵。

Stavins（2001）对命令-控制型环境政策和激励型环境政策对技术进步的作用效果进行了比较。命令-控制型环境规制建立以绩或技术一致为基础的标准，使得企业承担相同的污染控制份额而不考虑其承担的成本，这会导致企业相同目标的实现同时却承担了不同的环境成本，对技术促进的区分度不大，政策效果较差。而以市场为基础的环境政策工具如污染收费、补贴、交易许可等手段能刺激企业按照自己的利益和政策目标的方式采取环境技术，

---

① 赵红. 环境规制对企业技术创新影响的实证研究——以中国 30 个省份大中型工业企业为例 [J]. 软科学，2008（6）.

② 黄平，胡日东. 环境规制与企业技术创新相互关系的机理与实证研究 [J]. 财经理论与实践，2010（1）.

③ 王国印，王动. 波特假说、环境规制与企业技术创新——对中东部地区的比较分析 [J]. 中国软科学，2011（1）.

灵活性大，具有一定的政策效果。

Goulder 和 Mathai（2001）研究了激励型环境政策对技术革新的影响，在激励型环境政策下，新技术的投资是环境规制政策的函数，他比较了两种不同假设条件下的环境规制的成本，一种是环境政策相对于减排技术来说是外生变量，实际就是一种命令-控制型的环境政策，另一种即为激励型环境政策。他们比较了在这两个不同的政策环境下，对 CO_2 控制的成本，当他们发现当达到对 CO_2 控制的最小成本时，发现激励型环境规制政策降低了环境规制的成本，并且也提高了社会的净收益。[①]

Jung（1996）研究了不同的环境政策对技术发展和应用的影响效果，得出环境政策手段从刺激力的大小来区分，其排序为：拍卖的配额、污染税和补贴、分配的配额、产品标准。

Keohane（1999）研究了不同环境政策对技术创新的激励程度，得出可拍卖的排污许可证具有最强的激励效果，排污税和政府补贴第二，自由分配的排污许可证和直接控制列最后，并解释了这一排名得出的原因，企业采用新技术的激励取决于内生的污染价格，例如许可证价格或税收水平。

孙鳌（2009）比较了环境税、押金和可交易的许可证制度在技术进步中的优劣。环境税能够根据污染者的排污状况有效的控制污染并能实现成本的最小化，为企业提供了减少污染的持续动力，但环境税的缺点难以确定每单位污染物造成的损害，也就难以确定税率。押金-退款制度能够节约政府在不同地点阻止非法倾倒废物所产生的监督成本，能使得企业有动力去减少生产中的耗费而无需政府的直接干预。可交易的许可证制度能够使得企业以最低成本完成企业的减污活动。同时在不增加污染总量的条件下，允许新建或扩建企业，缺点是可能引起利益集团的寻租行为，并导致所谓的"热点"问题产生即总污染量减少而个别地区或企业污染量增加。

2.2.3　几点启示

国内外大量的学者对环境规制对科技进步的影响作了理论和实证的探

---

① Goulder，L，H and K，Mathai，Optimal CO_2 Abatement in the Presence of Goulder，L，H and K，Mathai，2000，Optimal CO_2 Abatement in the Presence of Induced Technological Change［J］. Economics and Management，2000，39（1），1-39.

讨。主要观点由两种：一种是传统观点，认为环境规制会阻碍科技进步；另一种观点是以 Porter 为代表的观点，认为环境规制能够促进科技进步。而前者主要从短期静态角度来分析，后者是从长期动态角度分析得出的。综观环境规制对科技进步的促进作用的理论和实证分析的研究，可以得出以下启示：

（1）激励型环境政策能够促进科技进步。通过相关的研究可以得出市场激励型环境政策对科技进步的诱导作用已经得到了共识。不管是对规制理论的研究，以及"波特假说"成立的前提条件分析，都可以看出激励型环境政策在环境规制中的重要作用。

（2）强调动态分析。在模型分析中，大多建立动态模型或通过两时期的动态博弈模型来分析环境规制对科技进步的影响，如 Schmutzler 建立了一个两时期的古诺博弈模型，Kriechel，Ben & Ziesemer，Thomas 的动态博弈模型。在实证分析方法上，大多数学者倾向于建立滞后回归模型从动态角度分析环境规制对科技进步的影响，其中环境规制为自变量和滞后变量，科技进步为因变量，由回归模型检验两者关系。

（3）在实证分析方法上，科技进步或科技创新指标一般采用科研支出或者专利数量，而环境规制变量指标的选取相对较为困难，采用治污成本或环境污染治理投入作为环境规制强度指标的偏多，除此之外，也有采用环境污染排放量或者出台环境规制政策数量作为环境规制强度指标。由于受到国家政策环境、环境治理状况等条件的限制以及相关数据的可获得性，环境规制指标的选择可能有所不同，但不同的环境规制指标的选择也会影响到分析的结果，因而在实证分析中环境规制强度指标的选择显得十分重要。

不管从理论模型的构建，还是实证的分析上，环境规制对科技进步的传导机制的研究已经得到国内外学者的重视，研究方法也逐渐完善和成熟起来，但既有的研究尚存在一定的不足。从研究领域来看，研究多从工业领域分析，缺少对农业领域的实证分析，这可能与农业领域环境污染数据的难以获得，环境治污成本的难以确定以及农业科技进步的复杂性有关。而在动态分析中，国外学者运用博弈理论建立模型进行理论分析的偏多，而通过实证模拟动态影响程度及影响过程的偏少。在环境规制的传导效果分析中从传导机制过程角度分析的偏多，而从微观主体的内部特征分析影响因素的偏少。

因而，本研究将从农业领域，运用经济学理论建立环境规制和农业科技进步的动态模型论证两者的关系，并结合农业生产数据，选择相应变量指标，由实证模型分析环境规制对农业科技进步的传导机制和影响程度，并从农业科技进步微观主体的内部特征出发来分析相应的影响因素，为农业环境治理及农业科技进步政策制定提供政策建议。

第三章 农业污染和环境规制

改革开放以来，随着现代工业的发展以及农业生产结构的调整，中国农业生产发展很快，农产品产量迅速增加，产品结构也发生了明显的变化。但在农产品产量迅速增加和产品结构发生明显变化的同时，由于化肥、农药等生化物质的不合理投入，秸秆、畜禽粪便等农业废弃物的不合理利用以及农业产业结构的不平衡，农业污染日益严重，这给农业生态环境造成了很大的影响；反过来，农业污染的严重也制约着农业生产的发展。本章以安徽省为例来对这一现状加以描述，并建立计量模型对安徽省农业污染和经济增长的关系进行检验，在此基础上得出农业环境规制的必要性。

3.1 安徽省农业污染的状况

3.1.1 安徽省农业生产的概况

安徽省位于中国的东部，总面积约 14.01 万平方千米，其中平原、山地、丘陵、台地、水面在总面积中所占比例分别为 49.6％、15.3％、14.0％、13.0％和 8.1％，是典型的农业生产大省。到 2009 年安徽省总人口数为 6794 万人，其中农业人口占 77.6％。安徽省耕地面积 4171 千公顷，占全省面积的 30％，其中水田面积是 1905 千公顷，占耕地面积的 45.7％。安徽省主要农产品在全国农业中占有重要的地位，到 2009 年，粮食总产量 3069.9 万吨，居全国第 5 位；棉花产量 34.6 万吨，居全国第 5 位；油料产量 240.3 万吨，居全国第 3 位。

近些年来，由于政府产业政策的调整和支农政策力度的不断加大，农业总产值不断增加，农民收入也随之得到提高。由图 3-1 可以看出，安徽省农业总产值呈不断增长的趋势。其中，1991 年和 1998 年的洪涝灾害对安徽省的农业产生较大影响，1998 年至 2002 年国内通货紧缩的经济形势的影响，粮食价格持续下跌，因而这段时间，农业总产值增长速度较缓慢。2003 年以后国家出台了促进粮食生产，保护农民利益的支农政策，粮食价格开始恢复上涨，农业总产值又呈持续快速增长的趋势。伴随着农业总产值的增长，安徽省农民收入也呈明显上涨的态势，1995 年安徽省农民人均收入是 1 302.82 元，到 2009 年安徽省农民的人均收入上涨为 4 504.32，增幅达 245.7％。

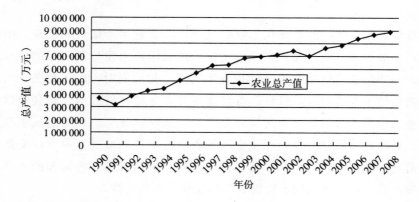

图 3-1　1990－2009 年安徽省农业总产值趋势图

Fig.3-1　Trend of Total Production Value in Agriculture in Anhui Province from 1990 to 2009

数据来源：历年《安徽统计年鉴》，其中安徽农业总产值数据是以 1990 年不变价格计算的。

安徽省农业总产值的增长和农民收入的增长得益于国家支农政策的持续给力和农业生产结构的变化。20 世纪 90 年代国家连续出台相关支农政策，特别是 1997 年出台的粮食保护价收购政策以及 2004 年以后，中央连续多次关注"三农问题"中央一号文件的出台，其中包括农业税的取消和农业补贴的增加，有力地支持了农业的发展。国家对农业产业政策的调整也会引发农业生产结构的变化，促进农业总产值的增长。20 世纪 90 年代以后，粮食等大宗农产品的产量稳步上升，各种经济作物的种植面积也不断增长，产量持续上升。但与此同时，随着人民生活水平的提高以及国家对养殖业扶持政策的出台，畜禽养殖业在生产中的地位不断凸显，产量增长迅猛。如表 3-1 所示，1995 年安徽省的粮食产量为 2 652.74 万吨，2009 年粮食产量增长到 3 069.87 万吨，增长了 15.7％；1995 年的油料产量为 191.76 万吨，2009 年增长到

240.35 万吨，增长了 25.3％；1995 年的棉花产量为 30.12 万吨，2009 年增长到 34.56 万吨，增长了 14.7％。可见，在农作物种植中，粮食作物的产量平稳增加，而经济类作物的增长幅度相对较大。和作物生产形成鲜明对照的是畜禽养殖业的发展呈迅猛态势增长，1995 年的肉类产量是 197.75 万吨，2009 年的产量上涨为 362.58 万吨，增长了 83.4％；而奶类产量增加幅度最大，1995 年的奶类产量是 24 904 万吨，2009 年的产量上涨为 201 000 万吨，增长了 7 倍之多。此外，禽蛋产量增加了 130.7％，淡水产品产量增加了 143.6％，畜禽产品产量的增长幅度均显著超过农作物产量的增长幅度。人民生活水平和生活质量的提高导致对畜禽产品的需求数量增加，国家对畜禽养殖业产业政策的支持力度增加以及畜禽规模化养殖的实施，这些因素促使了养殖业呈现蓬勃发展的局面。

表 3－1　1995－2009 年安徽省农业生产结构情况表

Tab. 3－1　The Structure of Agriculture Production in Anhui Province from 1990 to 2009 （10000t）

单位：万吨

年份	粮食	油料	棉花	肉类	奶类	禽蛋	淡水产品
1995	2 652.74	191.76	30.12	197.75	24 904	51.24	75.2
2000	2 472.01	285.06	28.5	311.52	41 204	107.4	159.8
2005	2 605.32	270.67	31.1	382.88	110 491	122.06	177.57
2008	3 023.32	228.03	36.88	383.92	181 316	112.1	178.38
2009	3 069.87	240.35	34.56	362.58	201 000	118.19	183.15

资料来源：历年《安徽统计年鉴》。

3.1.2　安徽省农业污染的基本情况

3.1.2.1　农业污染的概念

农业污染是指在农业生产中农业生产者不合理的生产行为而向农业生产环境排放污染物，形成污染源。农业污染中最常见的即为农业生产中的面源污染。农业面源污染是指在农业生产中不合理的使用化肥、农药、除草剂以及畜禽粪便的不合理排放，而造成的营养盐、农药及其他污染物的聚集，在降水或灌溉过程中，通过农田地表径流、壤中流、农田排水和地下渗漏，进入水体而形成的面源污染。农业面源污染的主要来源即为农民在生产过程中过量地使用化学肥料、除草剂、农药等生化物质以及畜禽养殖过程中大量的畜禽粪便的排放，这些污染物排放到土壤中不能及时地被土壤所吸收而引起土壤养分成分的改变，对农作物的品质和产量造成一定的影响。农业生产中产生的环境污染类型见表3-2。

表3-2　农业生产者产生的污染类型

Tab. 3-2　Agricultural Pollution Type of Producers

类别	污染问题描述	环境影响
化肥引起的污染	地表水营养化污染；地下水硝酸盐污染；增加温室气体排放	污染饮用水，损害人类和生物健康；增加水净化成本；损害下游渔业；降低水系生态服务价值；加剧温室效应；生物多样性减少
农药引起的污染	农药中毒风险；土壤农药残留污染；农产品农药残留污染；使害虫产生抗药性；误杀益虫；水污染与农药富集	损害人类和生物健康；影响未来作物产量或不可预见的损失；损害下游渔业；污染饮用水，提高水净化成本；生物多样性减少
畜禽废弃物引起的污染	地表水富营养化；地下水污染；病原菌污染；土地负荷加重	污染水体，散发异味和有害气体，损害人类和生物健康；增加水净化成本；损害下游渔业；降低水系生态服务价值；生物多样性减少
其他类型的农业污染：水土流失，围湖造田，秸秆禁烧，浸水稻田甲烷释放	养分流失，地力下降，泥沙淤积，湿地减少；大气污染、温室气体排放增加	污染水源，损害人类和生物健康；增加水净化成本；损害下游渔业；降低水系生态服务价值；土壤浸蚀，生产力下降，加剧温室效应

资料来源：邱军. 中国农业污染治理的政策分析［D］. 北京：中国农业科学院，2007：11.

3.1.2.2　安徽省农业污染状况

国家对农业产业政策扶持力度的加强引起了农业生产结构的改变，而农业生产结构的调整和农作物产量的增加，促使了农业总产值的增加。安徽省是农业大省，粮食、油料等主要农产品种植面积和产量在全国占有很大的分量，是全国重要的商品粮供给基地之一。安徽省在取得农业快速发展的同时，现有的农业生产方式也给农业环境造成一定程度的影响。过去传统的以自给自足为主的农业生产方式已经被高投入、高污染的现代农业生产方式所取代，农业生产更多地依靠化肥、农药、薄膜等现代科技产品，而对于以家庭联产承包责任制为框架的农户生产来说，缺乏必要的测土配方施肥等农业生产技术，更多地依靠肥料的投入来扩大产量。此外，安徽省的种养殖业基本处于一种相对分离的格局，随着养殖业的不断发展，畜禽养殖产生的大量粪便得不到有效利用，排放到土壤、河流形成污染源。

（1）化肥的投入污染状况

安徽省农业污染的一个显著特征就是化肥使用过量，且呈逐年扩大的局面。化肥污染主要是在使用过程中通过农田排水而流入江河湖泊形成污染，或是由于施用量过多而残留在土壤中，或是由于使用过程中氮元素挥发到大气中遇雨降落到地面形成污染。氮肥施用量过多且利用率低，容易造成大量化肥流入河流等水体，造成了水体富营养化，导致水藻生长过盛，水体缺氧，鱼、虾类等水生生物数量减少甚至全部死亡。据监测，农村许多浅层地下水硝酸盐氮、氨氮、亚硝酸盐氮都严重超标，部分地区水体中硝酸盐氮含量超过饮用水标准（$NO_3-N11.3mg/L$）的 5～10 倍，不能饮用。此外，长期过量使用化肥，忽视有机肥，土壤承载压力过重，造成土壤结构变差，容重增加，孔隙度减少，土壤养分失衡，有益微生物数量甚至微生物总量减少，土壤板结，地力下降，导致农作物减产。[①]

安徽省化肥施用的总量呈不断上升的趋势。1995 年，安徽省化肥的施用总量是 203.28 万吨，到了 2009 年化肥是施用总量增加达 312.79 万吨，而耕地面积却由 1995 年的 4 302 821 公顷下降到 2009 年的 4 144 981 公顷。其次，单位面积的农作物化肥施用量也呈持续上升的趋势（见图 3 - 2），国际组织设定的化肥施用安全线是 225 千克/公顷，1995 年安徽省单位面积耕地的化肥的

---

① 薛旭初. 化肥、农药的污染现状及对策思考 [J]. 上海农业科技，2006（5）.

施肥量是 472 千克/公顷，就高出这一标准约 1 倍。随着农业投入的增加，化肥的施用量也呈持续的增长，到 2009 年安徽省单位面积耕地化肥的施肥量就已经达到 755 千克/公顷，是这一标准的 3.35 倍，是 1995 年施用量的 1.6 倍，也远远超过全国农用化肥单位面积平均施用量 434.3 千克/公顷。化肥施用量的急剧增加和农户缺乏环保意识以及寻求最大产量的经济目标有关。而中国对化肥的利用率偏低，氮肥的利用率仅有 35%，仅相当于发达国家的二分之一，对磷肥的利用率仅为 20%，而钾肥的利用率达 50%（彭奎、朱波，2001）。[①]

化肥施用的结构也存在一定的不合理性，氮肥施用量过多，磷肥其次，而钾肥的施用量过少，不合理是施肥量造成了土壤的氮含量过剩，容易致使土壤的酸化，而近几年农村有机肥的使用量日趋减少，土壤养分失衡，对钾的需求量增大，而钾肥施用量过少会影响着农作物的产量和品质。

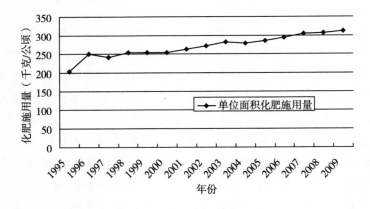

图 3 - 2　1995—2009 年安徽省农作物单位面积化肥施用量趋势图

Fig. 3 - 2　Trend of Applying Number of Chemical Fertilizer of

Crops in Unit Area in Anhui Province from 1995 to 2009

数据来源：历年《安徽省统计年鉴》，经整理计算。

（2）农药的施用污染状况

农药施用量过多容易造成有毒物质残留农产品表面，极易造成农产品品

---

① 彭奎，朱波，等. 紫色土集水区氮素收支状况与平衡分析［J］. 山地学报，2001（19）：30 - 35.

质下降，影响食品安全，是农业污染的重要来源。随着农作物病虫害次数和种类的增多，通过喷洒农药降低病虫害的发生概率，确保农作物增产，是农户采取的重要生产行为。农药的污染途径主要通过喷洒一部分农药残留在农产品表面，会影响农产品的品质甚至人体的健康。农药的利用率很低，仅为10%～20%，大部分的农药则会流失到土壤、水体和空气中，构成对环境的污染，进入人畜体内也会影响生命安全。农药的长期施用还会导致生物种群数量的急剧下降，生物多样性遭到严重破坏，生物链单一，生态环境受到严重破坏。此外，还会使病虫害产生抗药性而使得病虫害的防治变得越来越困难，形成恶性循环。

自1995年以来，安徽省农业生产中，农药的施用量呈逐年增长的趋势。如图3-3所示，1995年安徽省农作物单位面积的农药施用量是14.7千克/公顷，之后不断攀升到1998年的19.1千克/公顷后，1999年的农药施用量下降为16.9千克/公顷。2000年以来，安徽省的农药施用数量又呈现持续缓慢增长的局面。农药施用量的持续增加和当前农业生产的环境有关。当前农作物病虫害的发生频率呈逐年递增的态势，农户为了确保粮食等农作物增产必然要施加农药。同时，农业的频繁施用也和我国缺乏必要的农作物生产标准和产品标准以及必要的环境措施来规范农户的生产行为有关。

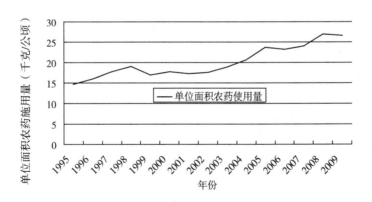

图3-3　1995－2009年安徽省农作物单位面积农药施用量趋势图

Fig. 3-3　Trend of Applied Number of Pesticides of Crops in

Unit Area in Anhui Province from 1995 to 2009

数据来源：历年《安徽省统计年鉴》，经整理计算。

（3）畜禽养殖业的污染状况

畜禽养殖业的污染状况主要表现为畜禽粪便的污染，主要是指畜禽养殖场没有经过加工处理的畜禽粪便直接排放到水体、土壤中而造成的水质污染、土壤污染以及场区附近的空气污染，并由于环境治病因子增多而导致农作物病虫害和人畜感染。畜禽粪便在嫌气条件下会产生大量的恶臭成分，主要为硫化氢、醇类、酸类、醛类、氨、酸胺类、胺类、吲哚和对氮苯等，这些恶臭成分释放到空气中，会污染场区附近的空气，被畜禽和人体吸入，会损害呼吸系统而产生疫病。而畜禽粪尿中各种有机物、氮，磷及病原微生物和病毒，以及 BOD、COD、固体浮游物等排入水体中会造成水质的严重污染。

随着经济的发展，人们对畜禽产品需求的增加及国家产业政策的刺激，安徽省的畜禽养殖业发展非常迅速。1995 年猪出栏头数 1 585.56 万头，到了 2005 年出栏头数上涨为 2 812.08 万头，增幅达 77.36%，2009 年略有下降为 2 527 万头。家禽年末出栏只数由 1995 年的 23 571 万只上升到 2009 年的 62 243.4 万只，增幅达 164.07%。由于农业机械化程度的加强，大牲畜的饲养数量在不断降低，牛年末头数由 1995 年底的 701.34 万头下降到 2009 年的 148.81 万头。

表 3 - 3　1995－2009 年安徽省畜禽养殖情况

Tab. 3 - 3　The Quantity of Livestock Breeding in Anhui Province from 1995 to 2009

年份	年末猪出栏头数（万头）	牛年末头数（万头）	羊年末头数（万只）	年末家禽出栏只数（万只）
1995	1 585.56	701.34	621.11	23 571
2000	2 393.18	552.95	794.94	46 521.3
2005	2 812.08	364.35	953.03	48 794.4
2009	2 527.35	148.81	584.20	62 243.4

资料来源：历年《安徽省统计年鉴》。

由于当前种养殖业仍然处于不合理的相对分离的生产格局，畜禽养殖产生的粪便难以及时有效地转化成农作物所需的有机肥料，如果没有经过及时处理排放到水体和土壤中，势必会带来环境污染。据国家环保局测定

（如表 3-4），每头牛产生的粪便污染物中 COD 量 248.2 千克，总磷 TP 数量 10.07 千克，总氮 TN 数量 61.1 千克；每头猪产生的粪便污染物中 COD量 26.61 千克，总磷 TP 数量 1.7 千克，总氮 TN 数量 4.51 千克。大牲畜的粪便排放量远远大于猪、禽类的排放量，但是由于机械化的推广，大牲畜中役畜的养殖数量呈递减的趋势，而奶牛、肉牛养殖多以规模化集中化养殖形式，实际对农区耕地形成污染的主要是猪禽粪便所产生的污染。因此，这里主要选择猪、羊、禽养殖粪便的氮发生量来反应安徽省农区耕地的氮素负荷承载量。[①] 由图 3-4 可以看出安徽省猪禽粪便的氮排放量呈逐年递增的趋势，1990 年猪禽粪便氮排放量是 7.02 万吨，到 2009 年上升到 14.44 万吨，是 1990 年的 2.06 倍。猪禽粪便如果得不到合理使用，会随着降雨进入水体，影响河流和湖泊的水质，其中畜禽粪便中的氮磷元素是形成水质污染的重要因素之一。

表 3-4　国家环保总局测定的畜禽粪便及污染物排泄系数

Tab. 3-4　The Coefficient of the Faecal and Pollutant Discharging of the Livestock and Poultry (kg)

单位：千克/头

畜（水）禽名称	粪	尿	BOD	COD	TP	TN
牛	7300	3650	193.7	248.2	10.07	61.1
猪	398	656.7	25.98	26.61	1.7	4.51
羊	950	无	2.7	4.4	0.45	2.28
家禽	26.3	无	1.015	1.165	0.115	0.275

资料来源：国家环保总局自然生态司（2002），其中，家禽粪便系数为鸡、鸭粪系数的平均值。

（4）秸秆的利用和污染情况

秸秆对农业环境的污染主要通过两种途径：一种是在堆放过程中，秸秆等农田固体废物体内含有丰富的有机质和氮、磷养分其流失也会对水体造成污染。如表 3-5 所示，不同的农作物秸秆其养分含量和产生污染物的数量也不同。

---

① 武淑霞. 我国农村畜禽养殖业氮磷排放变化特征及其对农业面源污染的影响 [D]. 北京：中国农业科学院，2005.

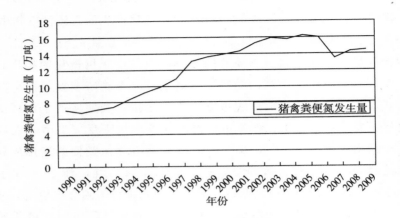

图 3 - 4 1990—2009 年安徽省猪禽粪便氮发生量变化曲线图

Fig. 3 - 4 The Quantity of Nitrogen in the Faecal of Pigs
and Birds in Anhui Province from 1990 to 2009

表 3 - 5 农业秸秆废弃物养分含量及产污系数

Tab. 3 - 5 Nutrient Contents and Pollution Coefficient of Straw Waste in the Agriculture

单元	固体废弃物养分含量（%）			产污系数（10^{-3} t/t）		
	COD	TN	P_2O_5	COD	TN	TP
水稻	0.58	0.6	0.1	5.63	5.82	0.42
小麦	0.62	0.5	0.2	6.39	5.15	0.9
玉米	0.82	0.78	0.4	11.23	10.69	2.39
油料	0.91	2.01	0.31	20.57	45.45	3.06
豆类	1.03	1.3	0.3	17.61	22.23	2.24

资料来源：赖斯芸·非点源调查评估方法及其应用［D］. 北京：清华大学，2003.

秸秆污染的另一种方式是秸秆焚烧对环境的污染。秸秆焚烧污染主要是焚烧以后产生了大量气态污染物、颗粒物和多环芳烃及烷基多环芳烃，这些物质进入大气后，会对环境产生危害，影响人体健康（见表 3 - 6）。而以陈建民教授为首的课题组通过自行设计研制的大型气溶胶烟雾箱、专用燃烧炉和先进的表征大气颗粒物等测量系统，给出了秸秆燃烧排放的气态污染物、颗粒物和多环芳烃及烷基多环芳烃的准确定量化排放特征。[①] 据研究测定，三种秸秆燃烧颗粒物的排放因子分别为水稻秸秆（260±50）千克/吨，小麦（110±30）千克/吨和玉米秸秆（390±60）千克/吨。

表 3-6　秸秆等物质燃烧产生的主要污染物及其来源和影响

Tab. 3-6　The main Pollutants and their Sources and Effects Produced by Straw and other Material

污染物	来　源	对环境和健康的影响
烟雾	未燃烧的碳颗粒以及盐分	影响能见度、气候和呼吸系统
CO_2	燃烧的主要产物	温室效应
CO	未完全燃烧的产物	影响对流层臭氧含量
NO_x	生物质固定的 N 氧化	影响对流层臭氧含量、形成酸雨
SO_x	生物质固定的 S 氧化	形成酸雨，影响呼吸系统
Cl、Br	生物质含有的 Cl、Br	引起平流层臭氧损耗
VOCs	未完全燃烧的产物	造成二次反应污染
多环芳烃	生物质含有的 C、H 氧化	对人体、生物产生毒害
重金属	生物质含有的微量元素	对人体、生物产生危害

资料来源：张鹤丰. 中国农作物秸秆燃烧排放气态、颗粒态排放特征的实验室模拟 [D]. 上海：复旦大学，2009：11.

安徽省是粮食主产省，粮食产量居全国前 5 位，因此安徽省也是秸秆资源大省。但安徽省秸秆综合利用仍然存在利用率低、产业链短和产业布局不合理，据 2010 年的《安徽省秸秆综合利用规划》分析，安徽省农作物秸秆中约有 15% 被还田，29% 作为燃料，10% 作为饲料、堆肥、食用菌基料和工业原料，秸秆资源综合利用率约 54%，而结合据毕于运等（2009）对主要农作物的秸秆资源估算标准，[②] 可以估算出 1990—2009 年安徽省单位耕地面积未利用秸秆资源的数量变化情况（见图 3-5）。可见，如秸秆资源未被合理利用堆放腐烂，流入水体必然造成富营养物质增多而影响水体质量，经过焚烧后，也会造成空气环境污染，对农业生产环境和居民生活环境都会造成很大的影响。

---

① 都知秸秆燃烧污染大而今量化监测有方法 [EB/OL]. 人民网，http：//www. people. com. cn/h/2011/0702/c25408-2022201944. html.

② 毕于运. 中国秸秆资源数量估算 [J]. 农业工程学报，2009（12）.

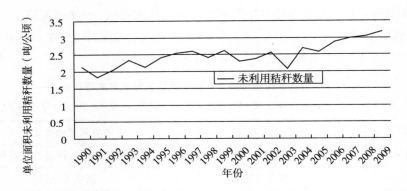

图 3-5 1990—2009 年安徽省单位耕地面积未利用秸秆资源数量变化曲线图

Fig. 3-5 The Quantity of Straw Resources unused in

Unit Area in Anhui Province from 1995 to 2009

3.2 农业污染和经济增长关系的分析

3.2.1 关于环境污染和经济增长的理论研究

3.2.1.1 环境库兹涅茨曲线（EKC）

库兹涅茨曲线原先是用来描述收入差距和经济增长之间关系的一条曲线。1955 年，俄裔美国著名经济学家库兹涅茨在研究收入分配的不平等时发现，一个国家人均收入差距随着经济增长表现出先逐渐扩大、后逐渐缩小的趋势，两者之间呈倒 U 型的变化关系，这一曲线也因此称为库兹涅茨曲线。

对上述关系的研究也为环境质量和经济增长关系研究提供了一定的借鉴价值。Grossman 和 Krueger 于 20 世纪 90 年代在对环境质量和经济增长关系的研究中，通过对 SO_2、微尘和悬浮颗粒三种环境质量指标与收入之间的关系运用经验数据分析时，发现两者之间也存在倒 U 型的关系（见图 3-6），为此提出了环境库兹涅茨曲线（EKC）假说。[①] 该假说认为：环境质量随着经济增长水平的提高，呈现先恶化后改善的变化趋势。也就是说在经济发展的

---

① Grossman，G. M. and Krueger，A. B. Environmental Impacts of A North American Free Trade Agreement [J]. Woodrow Wilson School，Princeton，NT，1992.

低级水平，环境污染程度也较低；在经济的起飞阶段，随着现代工业的发展，传统的以农业生产为主的社会逐渐被社会化大生产的工业社会所取代，社会只注重经济增长而忽视经济质量，对资源的利用超过资源的再生，最终会导致资源耗竭，环境恶化；而当处于高速发展阶段时，社会的环境意识逐渐增强，社会在关注经济增长的同时更加注重经济质量，政府能够运用经济手段通过经济结构的调整来停止或转移污染产业，环境质量逐渐好转。

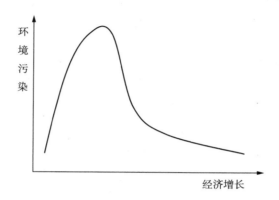

图 3 - 6　环境库兹涅茨曲线（EKC）示意图

Fig. 3 - 6　Diagram of Environment Kuznets Curve (EKC)

对环境库兹涅茨倒 U 型曲线形成原因的分析，经济学家主要从规模效应、结构效应和技术效应三个方面加以解释。Andreoni 和 Levinson（2001）把环境质量的恶化归结为规模效应，认为经济的增长需要投入越来越多的资源。在产出增加的同时，污染物排放和产出副产品也随着增加，环境质量持续下降。[1] Lindmark（2002）和 Stern（2004）认为产业结构调整是影响环境质量的重要原因也即结构效应。[2] 经济发展的初级阶段是以农业生产为主的传统社会，对环境的影响程度小，环境质量高。随着经济的快速发展，传统的农业产业结构逐渐发展为以工业为主导的生产结构，环境影响程度日趋严重，环境质量恶化。而在经济发展的高级阶段，随着工业为主导的生产结构逐渐升

①　J. Andreoni & A. Levinson. The simple analytics of the environmental Kuznets curve [J]. Journal of Public eonomics，2001，80：269 - 286.

②　M. Lindmak. An EKC—pattern in historical perspective—carbon dioxide emissions，technology，fuel prices and growth in Sweden 1870—1997 [J]. Ecoloical Economics，2002，42：333 - 347.

级为以信息化为代表的第三产业时，高投入、高产出和高污染的生产格局逐渐被以信息、知识的投入所渗透，生产过程和最终产品中的污染物排放逐渐降低，环境质量得以好转。Stokey（1998）[1] 和 Manuel（1995）[2] 则从技术效应解释了环境质量变化的原因。他们认为经济的发展存在一道门槛，在突破门槛之前，为了取得高产出，只能采取高投入、高污染的生产技术，因此，经济的增长往往是以环境质量的恶化为代价的。而一旦突破这一门槛，采用了低投入、低污染的清洁技术，在经济取得快速发展的同时，环境质量也得以改善。

3.2.1.2 环境库兹涅茨曲线的验证

Grossman 和 Krueger 是环境库兹涅茨曲线的提出者。20 世纪 90 年代初，美国民众担心美国和墨西哥之间的自由贸易和直接投资政策会恶化墨西哥的环境质量，并且降低美国的环境管制标准。为了验证这一观点，Grossman 和 Krueger 运用 42 个国家的面板数据，建立了一个包含人口密度、地理位置和时间趋势等解释变量的简化方程分析了 SO_2、微尘和悬浮颗粒三种环境质量指标与收入之间的关系由此来验证环境污染和经济增长的变化规律，发现两者之间也呈倒 U 型变化趋势，这条变化趋势曲线被称之为环境库兹涅茨曲线。他们在对分析 SO_2 和收入之间关系时，发现人均 GDP 在 4000～5000 美元之前经济增长侧重于加重环境压力；当人均 GDP 超过 4000～5000 美元这一转折点时，经济增长侧重于减轻环境压力。

国内学者对库兹涅茨倒 U 型曲线也进行了验证。张晓（1999）采用了 1985—1995 年的时间数列数据对中国的大气污染水平和经济发展的关系进行了验证，结果显示大气污染和人均国内生产总值之间存在一定的倒 U 型曲线关系。[3] 范金（2002）运用 1995—1997 年中国 81 个大中城市二氧化碳、二氧化硫等排放量以及总悬浮颗粒物浓度和年人均降尘量的面板数据对中国的环境库兹涅茨倒 U 型曲线进行了验证，结果显示除氮氧化物浓度外，其他污染

① Stokey, Nancy. Are There Limits to Growth? [J]. International Economic Review, 1998, 39 (1): 1-31.

② Jones, Larry E. and Rudolfo E. Manuelli. A Positive Model of Growth and Pollution Controls [R]. NBER Working Paper Series, 1995: 1-59.

③ 张晓. 中国环境政策的总体评价 [J]. 中国社会科学, 1999 (3): 88-99.

物排放量与收入水平之间确实存在"倒 U 型"关系。[①] 在农业领域，张晖、胡浩（2009）在曲劳养分平衡模型的基础上，选取了 1978—2007 年的农业生产数据，测算了江苏省农业面污染的过剩氮量数据，在此基础上建立了江苏省环境污染和经济发展模型，实证检验结果显示，江苏省的农业环境污染和经济发展之间也存在着显著的"倒 U 型"曲线关系。[②]

3.2.2　农业污染和经济增长关系的实证分析

3.2.2.1　农业污染指标的测算

在当前的安徽农村，农业生产所带来的环境污染的来源主要是化肥和农药的使用、畜禽粪便的排放以及秸秆的焚烧给环境造成的污染，在上一节研究中已经对化肥和农药的使用状况、猪禽粪便排放状况以及秸秆焚烧状况进行了计量分析，具体数据见表 3－7。

表 3－7　1995－2009 年安徽省各种农业污染源指标

Tab. 3－7　Index of agricultural environmental pollution in Anhui Province from 1995 to 2009

年份	单位面积化肥使用量（千克/公顷）（y_1）	单位面积农药使用量（千克/公顷）（y_2）	猪禽粪便氮发生量（万吨）（y_3）	单位面积未利用秸秆数量（吨/公顷）（y_4）
1995	472	14.7	9.22	2.42
1996	582	16	9.86	2.54
1997	562	17.7	10.87	2.61
1998	596	19.1	13.03	2.42
1999	597	16.9	13.56	2.62
2000	597	17.8	13.89	2.31
2001	620	17.3	14.26	2.38
2002	640	17.6	15.26	2.56
2003	673	18.9	15.91	2.08
2004	670	20.7	15.79	2.7

---

① 范金. 可持续发展下的最优经济增长 [M]. 北京：经济管理出版社，2002.
② 张晖，胡浩. 农业面源污染的环境库兹涅茨曲线验证 [J]. 中国农村经济，2009（4）：48－53.

（续表）

年份	单位面积化肥使用量（千克/公顷）（y_1）	单位面积农药使用量（千克/公顷）（y_2）	猪禽粪便氮发生量（万吨）（y_3）	单位面积未利用秸秆数量（吨/公顷）（y_4）
2005	695	23.7	16.2	2.58
2006	719	23.3	16.01	2.89
2007	741	24.1	13.41	3
2008	742	26.9	14.33	3.05
2009	755	26.6	14.44	3.18

注：单位面积化肥使用量 = 各种化肥的折纯量/耕地面积，单位面积农药使用量 = 农药使用量/耕地面积，猪禽粪便氮发生量 = $\sum$ 猪禽存栏量×粪便排放系数×含氮系数，单位面积未利用秸秆数量 =（$\sum$ 农作物产量×秸秆发生系数）×未利用率/耕地面积。数据来源见历年《安徽统计年鉴》。

由于农业污染的变量指标较多，这里运用主成分分析法将多个污染变量指标综合成为一个农业污染综合指标。主成分分析法就是研究如何通过原始变量的少数几个线性组合来解释原始变量的绝大多数信息，是由 Hotelling 于 1933 年首先提出的。其核心思想就是用较少的主成分来替代较多的信息变量，从而达到降维的目的。

这里运用 SPSS16.0 进行主成分分析，在对污染变量进行主成分分析前先进行 KMO & Bartlett 检验，得出 KMO 值为 0.643，在 0.6～1.0 之间，说明数据选取适合主成分分析。再对相关变量间的相关性进行分析，各变量间的相关关系矩阵见表 3 - 8。同时由相关系数也可以看出变量间的相关系数绝大多数大于 0.3，具有一定的相关关系，适合进行主成分分析。

表 3 - 8 各农业污染变量的相关系数矩阵

Tab. 3 - 8 Correlation Matrix Index of agricultural environmental pollution

相关系数	y_1	y_2	y_3	y_4
y_1	1.000	0.911	0.647	0.728
y_2	0.911	1.000	0.776	0.541
y_3	0.647	0.776	1.000	0.124
y_4	0.728	0.541	0.124	1.000

在进行主成分分析时，本书提取特征值大于 0.6 的因子作为主成分，主成分分析的结果见表 3-9。由表 3-9 可以看出因子 1 的特征值是 2.922，解释原有 4 个原始变量总方差的 73.040%，即该因子的方差贡献率为 73.040%；因子 2 的特征值是 0.908，解释原有 4 个原始变量总方差的 22.692%，即该因子的方差贡献率为 22.692%，两因子的累计方差贡献率是 95.732%，能较好的反应原有变量的信息，将之提取为主成分，即为 F_1，F_2。

表 3-9　因子方差贡献率表
Tab. 3-9　Total Variance Explained

公因子	Initial Eigenvalues（初始特征值）			Extraction Sums of Squared Loadings（提取平方和载入）		
	特征值	方差贡献率（%）	累计方差贡献率（%）	特征值	方差贡献率（%）	累计方差贡献率（%）
1	2.922	73.040	73.040	2.922	73.040	73.040
2	0.908	22.692	95.732	0.908	22.692	95.732
3	0.116	2.893	98.625			
4	0.055	1.375	100.000			

确定主成分后，为了进一步分析各主成分变量的代表性，需要对因子载荷矩阵进行旋转，使得因子载荷的平方按列两极分化。经过方差极大正交旋转后的因子载荷矩阵见表 3-10。主成分 F_1 上高载荷的指标主要有单位面积化肥使用量、单位面积农药使用量和猪禽粪便氮发生量，主要反映土壤、水源面污染的因子。主成分 F_2 上高载荷的指标主要是单位面积未利用秸秆数量，其焚烧会产生对空气的污染。

表 3-10　正交旋转后的因子载荷矩阵
Tab. 3-10　Rotated Component Matrix

变量	公因子	
	1	2
单位面积化肥使用量（千克/公顷）（y_1）	0.809	0.552
单位面积农药使用量（千克/公顷）（y_2）	0.918	0.318
猪禽粪便氮发生量（万吨）（y_3）	0.957	-0.197
单位面积未利用秸秆数量（吨/公顷）（y_4）	0.288	0.942

表 3－11 是因子得分矩阵，是用回归算法计算出来的因子得分函数的系数，根据表 3－11 可以得到下面的因子得分函数（3－1）：

$$\begin{cases} F_1 = 0.333y_1 + 0.329y_2 + 0.260y_3 + 0.236y_4 \\ F_2 = 0.131y_1 - 0.153y_2 - 0.667y_3 + 0.777y_4 \end{cases} \quad (3-1)$$

表 3－11 因子得分系数矩阵

Tab. 3－11 Component Matrix

变 量	公因子	
	1	2
单位面积化肥使用量（千克/公顷）（y_1）	0.333	0.131
单位面积农药使用量（千克/公顷）（y_2）	0.329	－0.153
猪禽粪便氮发生量（万吨）（y_3）	0.260	－0.677
单位面积未利用秸秆数量（吨/公顷）（y_4）	0.236	0.777

然后根据特征根得出两因子的贡献率，由此求解出农业污染综合因子。求解公式为：

$$F = w_1 F_1 + w_2 F_2$$

其中，$w_j = \lambda_j / \sum_{i=1}^{m} \lambda_i$，$\lambda_i$ 为因子特征值。将原环境污染变量及各因子特征值代入就可以求出农业污染综合指标，记为 y。见表 3－12。

表 3－12 1995－2009 年安徽省农业经济增长和农业污染综合指标

Tab. 3－12 Index of Agricultural Economic Growth and Environmental

Pollution in Anhui Province from 1995 to 2009

年份	农业污染综合指标（y）	人均国内生产总值（元/人）（x）
1995	141.2	3 357
1996	173.1	3 881
1997	168.1	4 390
1998	178.9	4 576
1999	178.9	4 707

年份	农业污染综合指标（y）	人均国内生产总值（元/人）（x）
2000	179.2	4 779.5
2001	185.8	5 313.3
2002	191.9	5 736.2
2003	201.8	6 375.4
2004	201.3	7 681.2
2005	209.3	8 630.7
2006	216.0	9 995.9
2007	221.5	12 039.5
2008	222.7	14 448.2
2009	226.4	16 407.7

注：人均国内生产总值数据来源于历年《安徽统计年鉴》。

3.2.2.2　模型的选择和数据来源

模型选择。这里基于环境库兹涅茨曲线（EKC）来模拟农业污染和经济增长的关系，因而选择二次或者三次多项式方程进行实证检验，经过事先模拟分析最终选择二次多项式方程进行实证检验比较合适。

建立二次曲线模型：

$$y = \beta_0 + \beta_1 x + \beta_2 x^2 + \varepsilon \qquad (3-2)$$

模型（3-2）中，y 是农业污染综合指标，x 是人均国内生产总值，β_0，β_1，β_2 是参数，ε 是残差项。根据系数 β_0，β_1，β_2 的符号情况可以确定农业污染和经济增长的关系。当 $\beta_1 \neq 0$，$\beta_2 = 0$ 时，农业污染和经济增长之间是呈线性关系；当 $\beta_1 < 0$，$\beta_2 > 0$ 时，环境污染和经济增长之间是呈 U 型关系；当 $\beta_1 > 0$，$\beta_2 < 0$ 时，农业污染和经济增长之间是倒 U 型关系。

根据回归方程，还可以估算出环境库兹涅茨曲线倒 U 型曲线的拐点：

$$x* = -\frac{\beta_1}{2\beta_2} \qquad (3-3)$$

数据来源。本研究将通过时间数列分析来研究农业污染和经济增长的关系并以此来说明环境规制的必要性。农业污染数据来源于运用主成分分析法将农业污染的几个主要指标提取出公因子，并加以综合而形成的农业污染综合指标，计算结果见表 3-12。而经济增长指标这里选用安徽省人均国内生产总值指标，人均指标相对于总量指标而言更能反映经济质量的变化，也能反映经济增长的实质内容。安徽省人均国内生产总值指标数据见表 3-12，来源于历年《安徽统计年鉴》。

3.2.2.3 计量模型估计结果

采用 SPSS16.0 对上述模型进行了估算，估计结果见表 3-13。

表 3-13　安徽省农业污染和经济增长关系模型估计结果

Tab. 3-13　Estimation Results of Environmental Pollution

and Economic Growth Model in Anhui Province

变量	系数	标准差	t—统计量	显著性
常数项	96.808 91	12.099 95	8.000 771	0.000 0
x	0.020 852	0.003 264	6.387 969	0.000 1
x^2	$-8.56E-07$	$1.87E-07$	$-4.572 707$	0.000 8
R^2	0.926 385			
DW 统计量	1.960 073			
F 值	69.213 24			

由表 3-13 可以看出，模型的拟合优度 $R^2 = 0.926\,385$，模型估计效果明显，因而由模型可以得出安徽省农业污染和经济增长之间存在较明显的倒 U 型关系。拟合方程：

$$y = 96.808\,91 + 0.020\,852x - 8.56E - 0\,7x^2 \qquad (3-4)$$

根据方程（3-4）和拐点公式（3-3）还可以计算出倒 U 型曲线的拐点是 12 179.9 元，其经济意义是当安徽省人均国内生产总值超过 12 179.9 元时，安徽省的农业污染程度可能会出现下降的趋势。根据环境库兹涅茨曲线，当经济达到一定水平时，随着经济结构的合理化，生产规模的扩大以及环境意识的增强，环境污染会得到一定程度的改善。随着安徽省现代农业生产的推进，农业结构的调整以及居民生活质量的提高，安徽省的环境状况正处于环境库兹涅茨曲线的拐点附近。但环境库兹涅茨曲线仅仅是对经济现象的一种描述，并不是一种经济规律。安徽省的农业污染虽然处于环境库兹涅茨曲线的拐点，但农业环境状况不容乐观，需要政府从经济政策、环境政策等各方面引导农业生产者的行为以实现环境状况的根本好转。

3.2.2.4　结论和启示

在上述的模型实证分析中，运用了主成分分析法提取了安徽省农业污染综合指标，建立了一个二次多项式方程对安徽省农业污染和经济增长的关系进行了拟合分析得出，安徽省农业污染和经济增长的关系呈现倒 U 型关系而且正处于曲线的拐点附近。模型估计结果说明经济增长对农业污染有着直接的影响，当经济处于低水平发展时，农业生产一味地追求高产出而不惜以牺牲环境为代价。当经济发展到一定水平时，随着经济规模的扩大，环境污染在一定程度上会减缓，经济增长是影响农业污染的直接原因。

经济增长对环境的影响只是经济现象的表现，其背后对环境影响的深层次因素却是人们的环境意识、政策因素和制度因素等。在经济发展初期，人们的环境意识淡薄，环境资源产权不明确，政府的环境政策缺失或者缺乏区分度，生产者一味地追求经济利润而忽视了生产的外在性，给环境造成了负面的影响。当经济发展到一定程度，随着人们生活水平和质量的提高，环境意识逐渐增强，加上环境资源产权的明确以及各种激励性环境政策的出台，环境污染行为会逐渐得到遏制，环境污染趋于缓和。

可见，治理环境污染的根本措施在于环境政策的完善也即实施比较有效的环境规制政策。明确环境资源的产权，使得生产者在使用环境资源时需要付出适当环境成本，通过激励型环境政策例如税收和政府补贴，刺激生产者积极地使用环境技术，提高产品质量和产量，改善生态环境，增强生产者特别是农民的环境意识，使他们能够积极地采纳农业环境新技术。恰当的环境政策设计既有利于环境条件的改善，更能促进农业科技的进步。

3.3　中国农业环境规制的基本状况

3.3.1　中国农业环境政策的目标

环境库兹涅茨曲线描述了环境污染和经济增长之间的倒 U 型关系，安徽省的农业污染和经济增长也遵循这一规律。经济增长虽然是导致环境污染的直接原因，但是经济增长并不必然会导致农业污染的降低，而是要通过环境政策变革和制度的变迁来诱导生产者积极地采用新技术改善环境质量。因此，在环境污染条件下，政府的政策规制显得非常重要。

农业环境规制的目标是为了促使农业生产活动和农业生态环境的协调发展，实现经济效益、生态效益和社会效益的统一，提高农产品质量和环境质量并最实现农业的可持续发展。因而在国家环境保护规划中将农村环境保护的任务确定为按照"生产发展、生活宽裕、乡风文明、村容整洁、管理民主"的社会主义新农村建设要求，实施农村小康环保行动计划，开展农村环境综合整治，加强土壤污染防治，控制农业面源污染，发展生态农业，优化农业增长方式。

根据环境污染治理的目标和任务，农村环境污染治理的具体任务：

（1）保护农村饮用水源。对农村集中式饮用水源进行环境保护，确保农村集中饮用水水源质量基本达标。

（2）重点防治土壤污染，确保农产品安全。开展全国土壤污染现状调查，建立土壤环境质量评价和检测制度，对持久性有机污染物和重金属污染超标耕地实行综合治理。严格控制主要粮食产地和菜篮子基地的污水灌溉，加大对菜篮子基地的环境管理。

（3）推广清洁环保生产方式，治理农业面源污染。推广科学施用农药、化肥，提高农药、化肥利用效率。对农业资源进行节约和综合利用，发展农业循环经济。合理利用秸秆资源，加强集中式畜禽养殖场污水、粪便综合利用和处理，提高农户沼气普及率。

（4）发展生态农业。推进农业科技创新，进行农业生产结构调整，发展节水农业和生态农业，提高农业综合生产能力、抗风险能力、市场竞争能力。

3.3.2 中国农业环境政策的内容

中国的环境政策始于1973年召开的第一次全国环境保护会议。会议是在中国快速推进工业化进程的大背景下提出的，由于工业化进程的加快，工业污染日益突出，而牺牲农业支持工业的政策又导致了森林砍伐、水土流失以及生态环境的破坏。会议拟定了《保护和改善环境的若干决定》，确定了"全面规划，合理布局，综合利用，化害为利，依靠群众，大家动手，保护环境，造福人类"的环境保护方针，开创了新中国的环境保护事业。1979年第一部环境保护法正式颁布，并确定了"环境保护是一项基本国策"的基本方针。1994 年《中国 21 世纪议程》正式确定了将环境保护作为中国社会经济发展的基本战略，提出了中国可持续发展的战略目标、战略重点和重大行动。经过近 40 年的发展，中国的环境政策体系已日趋完善，管理方式也已渐趋成熟并向多元化发展。

农业环境政策是中国环境政策的一个重要组成部分。农业环境政策是针对农业环境污染和生态资源的破坏而提出的治理措施，其政策一方面渗透在环境政策体系中，另一方面也体现在农业政策体系制定和产业规划之中。农业环境政策具体表现在以下几个方面。

（1）制定实施环境标准。环境标准是为了维护人类的健康和生存安全而制定的对环境污染物排放的控制标准，是国家对生产者行为的一种强制性标准。环境标准主要包括水质量标准、土壤质量标准、大气质量标准和生物质量标准。而中国的环境标准是从水污染控制开始的，20 世纪 80 年代，环保部门开始在水污染控制领域进行总量控制。例如，1995 年国务院发布"淮河流域水污染防治暂行条例"，规定对淮河流域实行总量控制。中国当前的农业生产的环境标准主要有《大气环境质量标准》《地面水环境质量标准》《渔业水质标准》和《农业灌溉水质标准》。

（2）实行环境影响评价制度。该项制度规定所有在建项目在建设前必须对该项目对周边环境的影响进行科学的论证和评价，并提出防治环境污染和破坏的对策，避免项目建设对环境产生的影响。中国在 1979 年颁布的《中华人民共和国环境保护法》（试行）中首次规定了这项制度。2001 年颁布的《畜禽养殖污染防治管理办法》规定：新建、改建和扩建畜禽养殖场，必须按建设项目环境保护法律、法规的规定，进行环境影响评价，办理有关审批手续。这也是环境影响评价制度首次运用于农业领域，旨在控制日益严重的畜禽养殖污染。

（3）实行限期治理制度。限期治理制度是对污染严重的项目、行业和地区，由有关国家机关依据法律在规定的期限内，完成治理任务，达到治理目标的规定的总称。1979 年的环境保护法首次确定了限期治理制度。在《海洋环境保护法》《大气污染保护法》《水污染保护法》《固态废物污染环境保护法》和《土地复垦规定》等诸多涉农法律中对这一制度都做了规定。该制度规定限期治理的时间或要求是对于限期治理项目一般要求排放物达到国家或地方规定的污染物排放标准，这一制度也适合于农业污染及其他非点源污染治理领域。

（4）建立了农产品安全检测制度。根据《中华人民共和国农产品安全质量法》规定成立了相应的检测机构，规定了对农产品质量检测的制度。检测能够帮助加强农药和化肥环境安全管理，推广高效、低毒和低残留化学农药，禁止在蔬菜、水果、粮食、茶叶和中药材生产中使用高毒、高残留农药。农产品检测制度有利于规范农产品标准化生产，确保公众消费安全。

（5）建立环境标志和企业环境管理认证体系。环境标准也称为绿色标志，是由政府或相关环境部门向生产企业颁发的一种特定标志，主要用来证明其产品的生产使用及处置过程符合国家环境保护标准，对生态环境危害甚少，同时有利于资源的再回收和再利用。环境标志是一种特有的政府调节和市场调节相结合的环境控制手段，能够引导企业调整生产结构，实行清洁生产，同时也能引导消费者进行健康消费，扩大市场购买力。企业环境管理认证体系（ISO14000）是国际化标准化组织1996年正式颁布的可用于认证目的的国际标准，要求企业通过建立环境管理体系来达到支持环境保护、预防环境污染和持续改进的目标，并通过相关机构认证的方式来证明其环境管理体系的规范性。这一制度有利于提高产品质量和竞争力，拓展市场需求。

（6）产业合理布局和结构调整。主要通过国家经济政策来实现产业布局和结构调整，发展现代高效农业产业以降低农业污染，提高环境质量。主要方式是通过农业补贴政策引导农民进行农业结构调整，增加收入。从2004年开始，中国连续出台多个中央一号文件，制定了粮食直接补贴、良种补贴、农机具购置补贴、农资综合补贴等一系列优惠政策，这些补贴在一定程度上促进了农业生产，降低了农业环境污染，而且国家补贴的方向将逐渐向农业清洁生产、提高农产品质量和改善农业生态环境等方面。

3.3.3 中国农业环境政策的存在问题

农业环境政策在一定程度上对于农业资源保护，提高农业资源的使用效率以及农业环境污染治理和生态环境的改善方面起到了积极的作用，但农业环境政策还不能适应当前农业生态环境保护要求，不能有效地激励农户积极地采取新技术改善农业环境，提高产品质量。当前的农业环境政策还存在以下几个问题。

（1）农业环境政策和法律体系尚不健全。中国的农业环境政策多散见于一般性的环境政策体系和产业政策体系之中，缺乏系统的农业环境治理政策和法律体系。尽管当前国家出台了一系列的环境政策、法律法规，例如《中华人民共和国环境保护法》。但中国还没有真正出台专门针对农业资源和环境保护的法律体系和政策体系，对农业污染特别是农业环境面污染危害及其长期性治理认识深度不够，缺乏对农业不合理生产方式对农业环境污染和破坏的正确认识和相应的配套政策措施，很难从源头上对农业污染加以控制和治理，而不能从根本上解决农业环境污染问题。

（2）农业环境政策以管制和行政命令手段为主，辅以经济激励手段。环境政策实施手段由命令-控制型和激励型两种，命令-控制型环境政策手段主要通过政府制定较严格的环境标准和排污标准或者要求生产者必须采用某种生产技术来对污染者的行为加以限制，能在较短的时间内实现政府确定的环境目标，是当前中国使用的主要环境政策工具，例如对农业环境标准的制定、环境影响评价制度等多属于这一类型。但在实施过程中，这一命令-控制型环境政策手段缺点较为明显，政府难以根据污染者减排的边际成本实施差别化政策，势必会造成部分生产者承担较高的污染成本，从而影响着环境政策的效果。而经济激励手段具有较高的效率和灵活性，可以通过税收、补贴、可交易的排污许可证、押金返还等方式将环境治理成本内化到企业的生产成本和产品的价格之中，由市场机制来实现资源的优化配置，促使生产者主动积极地进行技术选择和污染治理。激励型环境政策在农业环境治理中已逐渐得以重视。

（3）农业环境政策只注重环境治理效果，而忽视农业的多功能性和可持续发展。当前的农业环境政策注重制定严格的环境标准和产品的质量标准，注重环境的评价机制的确立，强调对污染的控制与治理，而忽视了农业的多功能性和可持续发展。农业的多功能性是指农业的经济功能、生态功能、文化功能、政治功能。环境污染的治理在确保农业的环境生态功能外，还要关注农民收入和产业结构调整、资源的保护和使用效率以及农业技术创新和产业核心竞争力的提升。因而，农业环境政策应通过税收和补贴政策、生态补偿机制以及产品认证体系调节农业产业结构、激励技术创新、提高产品质量并增加农民收入。

3.4　本章小结

　　本章主要以安徽省农业生产为例分析了农业环境规制的必要性。本章运用了 1990—2009 年安徽省单位面积化肥使用量指标、单位面积农药使用指标、猪禽粪便氮发生量指标，以及单位面积未利用秸秆数量指标对 1990 年至2009 年安徽省农业主要污染源状况进行了描述，得出安徽省的农业污染呈不断扩大的趋势。经济增长是农业环境污染的直接原因，本章运用主成分法提取了安徽省农业污染综合指标，建立了一个二次多项式方程模型对安徽省农业污染和经济增长的关系进行了实证拟合，得出安徽省农业污染和经济增长之间也呈倒 U 型变化关系，符合环境的库兹涅茨曲线，并且位于倒 U 型曲线的拐点附近。

　　经济增长虽然是农业污染的直接原因，但造成农业污染恶化的深层次原因却是环境意识、政策因素和制度因素等。中国的农业环境政策体系已经初步建立，但仍然不够完善、不够成熟，主要表现：农业环境政策和法律体系尚不健全；农业环境政策手段主要以管制和行政命令手段为主，辅以经济激励手段；农业环境政策只注重环境治理效果，而忽视农业的多功能性和可持续发展。因而，要有效地治理农业污染，必须加强农业生产者的环境意识，建立科学的农业环境政策体系，完善社会经济制度，健全有效的环境规制体系。

第四章　环境规制对农业科技进步传导机制的理论分析

环境规制虽然增加了环境治理的成本，但"恰当设计"的环境规制政策可以刺激生产者进行技术革新，提高生产的效率，并由此产生创新补偿效应，抵消了环境治理成本，实现了环境效应和经济效益的双赢，"波特假说"从动态角度论证了环境规制对科技进步的这一传导机制。本章首先介绍了"波特假说"的提出背景、主要内容、核心思想以及实施条件，并运用经济学理论和相关理论模型上对"波特假说"的这一传导机制进行了解释和论证。在"波特假说"的基础上，运用诱致性科技创新理论，在 Robert Dirk Mohr 的"干中学"模型的基础上建立一个环境规制模型从理论上论证了环境规制对农业科技进步的传导机制，为下一章进行实证分析奠定理论基础。

4.1　环境规制对科技进步传导机制的研究：波特假说

4.1.1　提出背景

4.1.1.1　环境成本思想的变化

"波特假说"是在传统经济学中环境成本被忽视的情形下提出来的。传统经济学认为企业用于环境成本的支出无益于企业利润的增长，一个理性的生产者会在环境成本和企业盈利间加以权衡考虑。Joshi 等（2001）对环境规制的隐成本进行了计算，他们在对美国 55 个钢铁企业 1979—1988 年的面板数据分析中发现：环境显成本每增加 1 美元，与之相对应的企业总成本会增加 10～11 美元，可见环境隐成本中有 9～10 美元被忽视了。因而，Joshi 等认为环境规制会增加企业的环境成本而不利于企业竞争力的提升。[①]

　　然而在传统的"命令-控制"型的环境规制体系下以及在企业的实际运作中，环境成本被当成额外成本而被人为地分配到所有产品中去，而无视生产外部性的差异，这不仅会导致产品成本核算的不精确还会引起人们一味地追求产品的产量而忽视产品质量的提高，但实际上环境成本对企业的经营决策是非常有意义的。在环境成本被忽视的条件下，企业为了追求最大化的生产利润，往往会大量生产"污染产品"而不会考虑生产"清洁产品"，这样在社会环境标准日益提高的背景下，整个社会的环境成本却居高不下。一个很重要的原因是在于生产者忽视了环境成本管理的价值，因为在传统的"命令-控制"型的环境规制体系，环境规制会增加企业的运营成本，如果要改善产品的环境质量，向社会提供高质量的"清洁产品"，这无疑会增加企业的环境成本。

　　传统的观点忽视了环境成本的潜在价值。Porter（1991）和 Vander Linde（1995）认为只要恰当的设定环境标准，在环境成本趋于下降的条件下，企业仍然会有盈利的机会。因为"恰当设计"的环境规制政策会激发生产者技术创新意识，而同时也能降低环境成本。因而，基于环境考虑的生产者会主动并理性地从事其环境行为并发挥其最大的环境效率和经济效率。

4.1.1.2　环境绩效思想

　　环境绩效思想为波特假说的提出提供了思想源泉。和传统经济学观点相反，环境经济学倡导者认为环境绩效和经济绩效是相互容通的，企业在生产大量"清洁"产品和服务的同时，能够做到减少污染、降低消耗并能减少环境成本。而环境质量和产品质量的提高，资源利用效率的提升也有助于产品竞争力和企业竞争优势的提升，从而实现环境绩效和经济绩效的"双赢"。这一理念实际上体现了三重含义：

　　首先，环境绩效和经济绩效是相互融通的。环境绩效实际是企业竞争优势的潜在因素，企业由于关注环境质量，产品质量会赢得良好的社会形象，进而能够提高其产品形象而获得较大的市场份额，从而形成产品的竞争优势，并能取得相应的经济绩效。相反，不注重环境保护的企业往往由于道德的缺

---

　　① Joshi，Satish，Ranjani Krishnan and Lester Lave. Estimating the Hidden Costs of Environmental Regulation ［J］. The Accounting Review，2001，76（2）：171–198.

失而导致较高的无形成本。其次，提高环境绩效不要仅仅被看着是一种政府意志的体现，而要看着是产品、企业竞争力的体现。传统的观点认为，环境恶化会增加社会的环境治理成本，而环境治理与生产者的经济行为和经济目标是相违背的。然而，从环境绩效的角度出发，环境规制能够促使环境意识淡薄的企业通过完善环境成本管理体系，进行技术开发和技术创新，减少污染物的排放并提高资源的利用效率来降低生产成本，从动态角度看，环境绩效是产品、企业竞争力的体现，是企业竞争优势的突出表现。最后，环境效率实际是可持续发展理念的内涵补充和理论支持。Edivard B. Barbier 在著作《经济、自然资源：不足和发展》中，将可持续发展界定为"在保持自然资源的质量及其所提供服务的前提下，使经济发展的净利益增加到最大限度"。而企业环境绩效的获得不仅体现了资源利用效率的提高和环境质量的实现，而且从长远角度看，环境绩效使得企业获取了发展的竞争优势，从而形成了企业可持续发展的动力。

4.1.2　主要内容

4.1.2.1　"波特假说"的基本观点

在环境绩效思想的基础上，Porter 提出了环境规制的必要性，认为生产者在"有限理性"的条件下会追逐环境规制的经济绩效和环境绩效。这里所谓的"有限理性"，Williamson（1981）认为是指人们在获取财富的同时必须充分考虑资源和环境的约束，也就是说生产者在实现利润和制定策略时必须考虑面对来自外界的诸如环境、资源等方面的限制。[①]

而 Porter（1991）和 Vander Linde（1995）认为"有限理性"是在工业社会发展到一定阶段，生产者在驱逐经济利润的同时面临着诸多环境问题而难以应对的情形下提出的。在这种情形下，Porter 认为"恰当设计"的环境规制政策有助于科技进步和创新。Porter 强调这里的"恰当设计"的环境规制是指环境规制应当更多地考虑政策预期达到的环境规制效果，而不是对具体的实现方式和措施进行规定和实行限制，环境规制的目的应当是生产者在考虑实现自身环境目标的同时，如何创造实现科技革新的机会以提升产品的

---

① Williamson, Oliver. The Economics of Organization：The Transaction Cost Approach [J]. American Journal of Organization，1981，87：548 – 577.

竞争力和企业的竞争优势。Porter 认为环境规制有利于科技进步的主要原因在于环境规制所带来的科技进步和创新以及由此产生的收益会部分，甚至全部抵消应对环境问题所产生的成本，环境规制的好处不仅在于抵消环境规制所产生的环境成本，而且还能提升产品和企业的竞争优势，从而给生产者带来更大的利益。

"波特假说"认为"恰当设计"的环境规制能够诱发生产者的创新意识，从而促进科技进步，最终提高了其生产效益而获得了企业的竞争优势，Porter 从六个方面对其假说进行了论证。

（1）生产者的"有限理性"。"有限理性"是指生产者在实现自己的最大化经济目标的同时又受到资源、环境等外在因素的影响以及不完全信息等市场条件的限制。生产者在信息不完全和存在潜在的技术改进空间的条件下，难以实现最优化的目标。如果没有政府的环境规制，生产者往往缺乏主动进行技术革新和进行产品的更新换代的积极性，并因此失去创新的动力。而环境规制无疑给这一限制传递了强烈的市场信号，在新的约束条件下，生产者会重新将环境因素纳入其最优化决策之中。在环境规制的冲击下，生产者会拓宽其经营视野，寻求既能满足环境规制政策又能提高自身生产效率的技术。可见，在环境、资源约束条件下，环境规制为生产者提供了免费的午餐，能诱发生产者进行技术革新，弥补其环境成本并增强竞争优势。

（2）环境规制能创造经济绩效。传统经济学认为，环境规制会抵消生产者的经济绩效。传统观点认为环境政策的出发点在于将环境的社会成本内部化，也即当环境的社会成本的下降会导致生产者的私人成本的上升，而私人成本的上升会传导到产品的价格上，引起价格上升而影响其竞争力。Porter 等学者认为，环境政策不仅不会影响产品的竞争力，而且激发生产者的创新意识，还会增强生产者的经济绩效。环境成本实际只占生产总成本的很小一部分，而环境政策会诱发生产者进行技术革新，从而会获得持续的创新能力，促使生产者效率的不断提升，而持续的效率改进和技术创新活动会比单纯地追求成本的降低具有更大的竞争优势。Porter 在对德国和日本的研究发现，这两个环境规制标准较高的国家并未因为承担较高的环境成本而丧失其产品的竞争力，却由于其较严格的环境政策而挤入环境技术较高的国家行列，其GNP 和生产率的增长速度超过美国。可见，从长期和动态的角度看，环境规制产生的持续创新能力和效率改进会增强生产者的竞争优势，从而产生更大的经济绩效。

（3）环境规制能够降低投资风险。环境政策出台前，政府和企业对环境政策存在着很大程度的信息不对称，生产者对政府的政策缺乏足够的了解，难以从整体上对企业的效率改进和技术创新做出正确判断，即使某些政策信息较敏感的生产者觉察到某些潜在的利益和机会，也会由于政策的不确定性而难以形成固定的预期，这样会导致生产者对环境技术的投资热情不高，投资额不足。而政府的环境政策是一种明确的信号和强有力的承诺。[①] 生产者的环境技术投资有着较大的风险性，没有稳定的政府政策的保障，其投资存在着较大的不确定性。而环境规制政策为生产者提供了明确的信号，说明了其环境技术投资的潜在价值，有利于降低投资的不确定性，从而能激发其投资热情。

（4）环境规制能够激发生产者的技术进步和创新意识。在新技术的研发及采纳上又会产生"优化效率"，环境规制前，由于生产者内部存在着较大程度的资源利用的低效率和 X 非效率，企业缺乏技术革新和投资的积极性。环境规制的引入，增加了生产者的环境成本，压缩了企业的利润空间，从而能激发企业打破原有的思维模式、工作模式和组织结构，促使其优化资源配置，并突破 X 非效率的"惰性区域"，实现 X 效率。正像 Jaffe and Palmer（1997）所说的一样，环境规制会让生产者抛弃"利润最大化"的教条，"恰当设计"的环境规制会改变生产者的思维定式，突破现有的生产模式，寻求既符合规制要求，又能增加经济收益的环境技术。"波特假说"造就了生产者的"双赢"模式，环境规制不仅能够帮助生产者降低污染，而且能够降低环境成本，被看成是政府为生产者的提供的"免费午餐"。[②]

（5）环境规制促使传统竞争优势思想的改变。对于环境规制对企业竞争力的微观影响，传统的观点认为，环境规制对企业的竞争力具有负面的影响力，较高的环境规制标准会导致生产者的成本的增加而致使其产品竞争力和企业竞争优势的丧失。而 Porter 认为恰当的环境规制会激发企业的环境意识和科技创新意识，从而引发技术创新，降低生产成本，而使企业获取净收益，

---

① 赵细康. 引导绿色创新——技术创新导向的环境政策研究［M］. 北京：经济科学出版社，2006：37.

② Jaffe，Adam and Karen Palmer. Environmental Regulation and Innovation：A Panel Data Study［J］. Review of Economic and Statistics，1997，79（4）：610 - 619.

形成产品和企业的竞争优势。"波特假说"实际上促使了传统的竞争优势思想的改变，并提出了"环境竞争力"的思想也即企业承担环境责任仍然会创造出生产力。Porter 指出环境规制和企业竞争力相互冲突只有在静态模式下才能存在。因为在短期静态模式下，生产者是在技术、产品和顾客需求都维持不变的条件下进行成本的最小化决策，政府一旦实施环境规制政策，势必会增加生产者的环境成本而影响竞争力。而实际上生产者始终处于一个动态的环境中，生产投入组合与技术始终都在不断变化，在环境规制之初，生产者可能会因为成本增加而导致竞争力的下降。但这种状态只是暂时的，生产者会通过技术革新来调整生产，提高生产效率，并通过环境成本的降低和产品品质和价格的提升来实现产品的竞争力，形成竞争优势。当然，环境竞争力的产生是有一定条件的，即企业家具有战略上的远见、环境规制的强度足够大、企业具有足够的抗短期风险能力、企业对自己的形象有足够的重视以及公众环保意识的普遍提高等。①

（6）环境规制的"创新补偿效应"。Porter 首先对传统假说提出质疑，其主要突破点是在模型中引入动态创新机制，从而打破新古典的静态分析假说。他认为生产者的竞争优势在于动态条件下的技术创新与改进，而不是传统假说下的静态效率和固定条件下的最优化决策。"波特假说"认为严格的环境规制可以引发生产者的技术变化，从而有利于生产者和企业竞争力的提升。Porter and Vander Linde （1995）认为从传统经济学"利润最大化"的假设出发，生产者应当抓住任何具有激发经济利润的环境行为的机会。但是在环境规制条件下，环境行为必然产生一定的成本。Porter 认为环境污染是技术和资源非效率的表现，而限制污染，必然会产生相应的环境成本，因此环境规制创造的经济利益必然超过环境成本，这项规制政策才是可行的。在这种思想的基础上，Porter 提出了环境规制的"创新补偿效应"：环境规制能促使科技的进步和创新，而科技进步和创新又会产生相应的经济效益，由此抵消了环境规制所产生的环境成本，可见，科技创新促使了环境效应和经济效应的"双赢"。②

---

① 许士春. 环境管制与企业竞争力——基于"波特假说"的质疑 [J]. 国际贸易问题，2007 (5).

② Porter, M. E. and C. vander Linde. "Reply." [J]. Harvard Business Review （November— December) 1995：206.

4.1.2.2 "波特假说"的核心思想

创新补偿效应和先行者优势理论是"波特假说"的核心思想所在。

创新补偿效应是"波特假说"的理论支撑点，也是波特质疑传统假说的要害所在。传统观点认为环境规制会挤占生产者的技术改进和创新的成本，不利于生产率的提高，在创造环境绩效的同时会损害经济绩效的提高。而"波特假说"则突破传统观点的分析框架，从动态条件和生产者"有限理性"的假设条件下提出了创新补偿效应。现实经济中并不存在完全信息的条件，不完全信息和生产者的有限理性会迫使生产者在获取经济效益的同时，必须考虑制度因素诸如社会文化、企业文化和财产权等的影响。任何制度的改变包括环境政策都会促使生产者调整生产方案，扩大获取信息的机会，寻求能够缓解污染又能增加利润的新技术。而在静态条件下，环境政策的实施会增加生产者的环境成本，但在动态机制下，"恰当设计"的环境规制政策会激励生产者进行技术创新，通过产品创新补偿和生产过程创新补偿两种形式提高生产率。产品补偿是指通过技术创新能够提高产品产量、改善产品质量和改进产品结构，生产出环境友好的产品由此获取更多的生产价值以弥补环境成本。而生产过程补偿则指生产者竭力选择可减少规制遵循成本的新技术，并寻求将污染物转化为可利用的资源，提高资源的利用效率。在生产过程中注重资源的节约和成本的降低，由此产生补偿效应。

Lorie Srivastava，Sandra S. Batie and Patricia E. Norris（1999）建立一个简单的模型对于创新补偿效应做了解释。在模型建立前首先引入了"财产权"的概念，并认为财产权的明确是"创新补偿效应"产生的前提。他们认为财产权决定了一个生产者的机会集合，并通过成本和收益影响着其生产经营行为。财产权实际上被描述为是一个资源所有者对另外一个资源使用者的关系，资源所有者的权力构成了资源使用者的成本。[①]

该模型以水资源的使用为例论证了"波特假说"的"创新补偿效应"。在图4-1中，横轴表示环境质量，纵轴表示生产的总收益，PPF_1 表示生产可能

---

① Lorie Srivastava，Sandra S. Batie，and Patricia E. Norris. The Porter Hypothesis，Property Rights，and Innovation Offsets：The Case of Southwest Michigan Pork Producers [J]. Paper provided by American Agricultural Economics Association（New Name 2008：Agricultural and Applied Economics Association）in its series 1999 Annual meeting，August 8—11，Nashville，TN with number 21515.

性曲线。假说生产者 A 处于点 A_1 位置，在该点产品的收益是 P_1，与之相对应的水资源质量是 W_1，如果生产者无须承担水资源污染所产生的成本，生产者会牺牲水资源的质量而去增加产品的收益，表现在生产可能性曲线 PPF_1 上，点 A_1 会沿着生产可能性曲线 PPF_1 向纵轴靠拢。现在假设政府实施新的环境政策，对生产者 A 的污染排出物加以限制以确保能够实现最低的水资源质量标准 W_2。在这种形式下，生产者必须以污染物的排放来确保实现环境标准 W_1，表现在生产可能性曲线 PPF_1 上，点 A_1 会沿着产可能性曲线移动到点 A_2。这样，在水资源产权明确的情形下，生产者 A 为了承担由于产权的变化而导致的成本，必须降低产品的收益，这样收益由 P_1 降低到 P_2，而环境质量由 W_1 上升到 W_2。很明显，这里实际发生的是环境质量和产出收益间的交易。

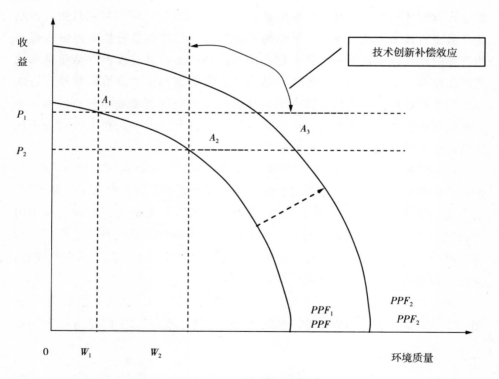

图 4 - 1　技术创新补偿效应示意图

Fig. 4 - 1　Diagram of Compensation Effect of Technological Innovation

假设生产者 A 是一个追求利润最大化的企业，根据希克斯诱致性创新假说，生产者必须改变生产技术以降低环境遵循成本。因此，在技术创新的推动下，生产者的生产效率会得到提升，生产可能性曲线由 PPF_1 外移到 PPF_2，而这一外移实际是由诱致性技术创新所致的。在新的环境质量标准下，生产者 A 的位置必须在过点 W_2 与横轴垂直的直线上，而且在水平线 P_1 以下的这部分垂线上。虽然环境质量较环境规制前有所改善，但生产者所获得的产品收益要小于环境规制前。而所谓的"技术创新补偿"则是指水平线 P_1 以上，生产可能性曲线 PPF_2 以内的垂线的部分，这实际上是用来抵消环境规制所带来的成本的技术创新所带来的收益。而且在生产可能性曲线 PPF_2 向右下方移动到 A_3 点，技术补偿效应都会产生，并且环境质量也不断得到改善。在这里环境改善的机会成本实际就是减少的产出。在资源稀缺的条件下，环境质量的提高必须以产品收益的减少为代价，而技术的提高则会带来生产效率的提高，由此会弥补产出的降低而产生了补偿效应。

先行者优势是"波特假说"的又一理论基础。先行者优势是指在市场条件下，先行进入者会超越后续进入者，并具有较大的竞争优势。Bain 较早地从实证的角度研究了先行者优势理论，Bain（1956）对美国 20 个制造业企业的进入条件的开创性实证研究中发现，规模经济、产品差异化优势、绝对成本优势、资本需求作为可能的经济方面进入障碍的来源。[①] 后续经济学家对先行者优势进行了深入的研究，得出成本优势、进入壁垒优势、转移成本、规模经济、学习曲线的存在是构成先行者优势的重要内容。而 Porter 的竞争优势理论中将总成本、差异化和专一性作为企业竞争优势的体现。

在政府实施环境规制政策后，生产者如果率先使用某种环境技术，按照"波特假说"将获得传统技术和生产者所不可具有的竞争力和优势。首先，率先进入的企业会获得其他企业所不具有的差异化竞争优势。由于新技术的使用，大大提升了生产者的环境空间和产品质量，较传统产品而言，环境规制后的绿色产品较传统产品具有较明显的产品差异化优势，质量的提升会明显提高产品的价格和市场空间，使企业获得较大利润。由于生产环境的改进和产品质量的提升也促使环境技术先行者获得企业文化、行业标准和行业经验上的优势，从而使得生产者获得竞争优势，同时也为其他企业进入建立了壁垒。其次，先行者还会获得后续者所没有的成本优势。在环境规制下，新技术的使用者往往会

---

① Bain J S. Barriers to new competition [M]. Cambridge, MA: Harvard Business Press, 1956.

获得政府环境政策上的支持而使得生产者具有一定的成本优势。在政府的环境经济政策的刺激下，生产者往往率先进行技术创新而获取先行者优势。

4.1.2.3 "波特假说"的实施条件

这里还需补充说明的是"波特假说"在一定条件下成立的，而这一条件归纳起来就是动态模型和"恰当设计"的环境政策。

动态假设是这一理论成立的基本条件。Porter 认为在传统静态假设条件下，生产者的技术、资源配置和市场需求都是不变化的，环境社会成本的内在化，必然会导致分配到每个生产者的环境成本的增加而导致其产品价格的上升，致使其利润空间的缩小，产品和企业的竞争力因而丧失。而在动态假设下，生产者的创新动力和成本补偿机制才能得到促进。在政府的环境规制的激励作用下，生产者会选择适当的环境技术，提高自身的劳动生产率，从而使得生产的环境成本得到部分或全部的补偿。而环境规制下，生产者外部条件的改善也需要一个时间过程。这里的外部条件包括创新成果的转化、产品的生产周期，绿色产品的市场认可，只有当创新技术转化为实际生产力，创新的成果被社会所认可后，生产者的技术效率，经济效益才能得以实现，而这在短期是无法实现的。

"恰当设计的"环境规制政策是"波特假说"的出发点。环境规制政策包括命令-控制型和市场激励型环境政策两种类型。命令-控制型环境规制政策是最早使用的环境规制工具，主要通过排放标准和其他一些规章满足环境质量的目标。其规制工具包括为企业确立必须遵守的环保标准和规范、规定企业必须采用的技术等，主要规制手段是政府发布规章和命令等方式要求污染者采取措施以达到环境质量的目标。命令-控制型环境规制具有一定的优点：目标明确，针对性强，迅速解决复杂的环境问题，使环境问题得到迅速的、可测量的改善。能将政府环境规制的任务迅速下达到各个地区、行业及部门，在各级政府部门的监管下生产者能在较短的时间内完成自己的减排任务。但相对于市场激励型环境规制政策，命令-控制型环境规制政策的缺点更为明显。从技术创新的激励上看主要表现为污染者对环境治理方式没有选择权，机械被动地遵守环境规制规章，这种刚性的一刀切的环境政策做法会损害生产者的效率，不利于其进行技术创新。从减污效率上看，规制者无法对排污者的排污数量进行限制，从而导致社会总的排污数量可能会增大。从理论上看，命令-控制型环境规制能实现规制成本的最小化，但规制者难以对具有不同减排边际成本的污染者实行差异化区分，会引起部分生产者承担较高的环境成本，而规制者如果寻求各生产者的相关信息来确定各生产者的规制标准分化社会成本，这实际会加大规制者信息搜寻的成本，从而环境规制的总成本势必会拉大。

而市场激励型环境规制是指政府利用市场机制确定了的，旨在借助于市场信号引导企业的排污行为，激励排污者降低排污水平，或使整个社会污染状况趋于受控和优化的制度。其规制工具主要包括排污税费、使用者税费、产品税费、补贴、可交易的排污许可证、押金返还等。市场激励型环境规制是将环境污染和生态损害的社会成本，通过税收形式或排放许可证交易等经济工具，内化到企业生产成本和产品、要素市场价格中，通过市场机制调节实现环境资源的优化配置。其规制手段不是明确规定生产者的污染控制水平或技术标准来制约生产者的环境行为，而是利用市场信号来引导其生产行为和排污决策。在这种情形下，生产者能够根据自身特点和市场条件选择适合自身发展实际的环境技术。而在市场机制下，每个生产者根据市场条件和成本最小化的目标去寻找减排技术，这样会促使生产者的环境成本降为最小化，环境社会成本也能得以化解。同时，在政府的环境税的政策下，生产者努力降低环境污染的行为会得到持续的激励，环境成本也会因此而降低，甚至会低于规制前的环境成本，因而会激励生产者选择适当的环境技术，使其边际污染成本低于边际税率。可见，通过市场激励型环境规制能够降低企业的环境成本，有利于生产者的技术创新。

Porter 所说的"恰当设计的"环境规制是指环境规制应当更多地考虑政策预期达到的环境规制的效果，而不是对具体的实现方式和措施进行规定、实行限制。因此，在这样的规制政策下生产者会根据市场条件，主动地选择合适的环境技术在实现环境目标的同时，提高生产效率从而抵消环境成本。可见，这里的恰当设计的环境政策是基于市场激励机制的环境规制政策。只有建立在激励机制上的环境政策才能促使生产者积极采用创新技术，努力降低环境成本，实现环境效益同时也促进了经济效益。

4.1.3　理论解释

对于"波特假说"，我们可以借助于图 4－2 来说明环境规制对科技进步的传导机理。在图 4－2 中横轴表示环境质量曲线，纵轴表示产品产量曲线，

曲线 $P1$ 表示没有实行环境规制前的生产可能性边界曲线，并且在这里假设生产者只生产一种产品。假设社会对生产者最低环境质量控制标准要求为 $E1$，那么在没有进行环境规制之前，生产者的生产可能性集合为过点 $E1$ 与横轴垂直的直线和生产可能性边界曲线所围成的图形。设某生产者的最初生产状态在点 A（$E1$，$Q1$），这时的最低环境质量控制水平为 $E1$。如果政府设定了合理的环境规制政策，最低环境质量控制标准由 $E1$ 上升到 $E2$。根据波特假说，严格的环境规制会使生产者意识到自身经济绩效及生产非效率，迫使生产者提高自己的生产效率。在这种情形下，生产者会提高现行的生产技术，积极推行技术创新，力求生产出质量好而成本相对较低的产品，从而生产者的产品竞争力和竞争优势得到增强，其机理见图 4-2。在这种情形下，环境规制会产生两种效应：一是生产者的内部生产效率提高，生产可能性曲线向右扩展到 $P2$，环境质量得到改进，达到环境规制后的最低控制水平 $E2$，这时生产者的生产状态处于点 B（$E2$，$Q2$）；二是由于环境规制促使技术进步的效应，生产可能性曲线继续向右扩展到 $P3$，环境质量进一步得到改进上升为 $E3$，产出增加为 $Q3$，此时生产者的生产状态处于点 C（$E3$，$Q3$）。

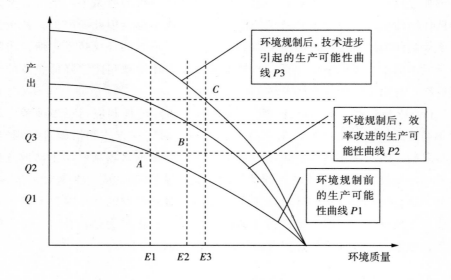

图 4-2　波特假说图示

Fig. 4-2　Diagram of Porter Hypothesis

　　环境规制能够带动技术创新并能促进成本的降低是通过以下途径来实现的（图4-3）。首先，在新技术的研发和采纳上，由于学习效应的存在，环境保护的成本会越来越低。其次，技术创新具有补偿效应。补偿效应主要体现在两个方面，产品的补偿和过程的补偿。产品的补偿是指技术的创新有利于减少污染而提高产品的质量。过程补偿是指新技术的采纳会降低污染程度，提高资源的利用效率和产品的产出效率，从而实现生产成本的降低。

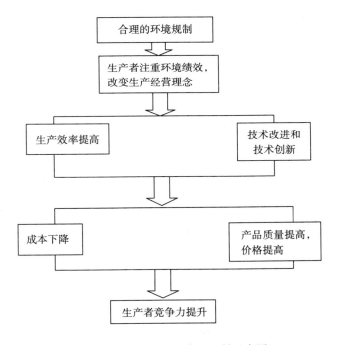

图4-3　波特假说的传导机制示意图

Fig. 4-3　Diagram of the Conducting Mechanism of the Porter Hypothesis

　　值得注意的是，对于环境规制的促进效应，政策制定者在制定环境政策时必须考虑：首先，"波特假说"是一个动态的假说，也即当前的环境规制会刺激生产者的技术革新，而技术革新对生产的影响又具有滞后性，因此环境规制只会影响生产者的未来的生产能力和经济绩效。Jaffe and Palmer（1997）从动态的角度考虑了R&D费用支出和治理污染的专利数量之间的关系，发现环境规制和技术进步之间存在着动态的促进关系。[1] 其次,"波特假说"表明,在环境规制条件下,高污染排放企业越有机会消除生产的非效率性。可见,环境规制对于高污染企业产生的效益要远远大于低污染企业的效益(Reinhardt 2000;Brunnermeier and Cohen 2003)。最后,波特假说还表明,一个企业越暴露在竞争的环境下,越倾向于通过技术革新来降低生产成本,而这在环境规制条件下处于竞争环境的企业表现得更加明显。[2]

4.1.4 理论模型

对"波特假说"的理论验证,经济学者建立了不同的模型进行了分析。Ulph(1996)建立了一个 Brander-Spencer 战略性贸易古诺模型进行研究。在环境污染下,寡头垄断性企业往往通过技术创新来减少污染,降低生产成本。而企业间的策略竞争往往又会促使政府加大环境规制的力度,策略竞争的结果不仅促进了环境的改善,成本的降低,更重要的是促进了企业的技术进步。Kriechel,Ben & Ziesemer,Thomas(2005)建立了一个 Reinganum-Fudenberg-Tirole 动态博弈模型来说明环境规制和新技术采纳之间的关系,研究得出环境税征收越早越有利于促进企业尽快地采纳新技术。对非采纳新技术者征收的税收越高,企业包括领先者、追随者以及联合采纳者会尽早地采纳新技术。而且在实行环境税的国家,技术领先者获利的机会及数量远远高于没有实行环境税的国家。

在这里我们引用 Kriechel,Thomas Ziesemer(2009)的一个时间动态模型来说明环境规制对科技进步的传导机制,以此来验证波特假说。[3] 这里假设有两个生产者,一个生产者先采纳新技术,称之为领先者,另外一个后采纳新技术称之为追随者。环境规制变量以政府的税收 τ 来表示,也即如果农业生产者不采取新技术,政府将给他以税收 τ 来予以惩罚。以 $\pi_0(0) - \tau$ 表示所有生产者在环境规制下都不采纳新技术后的税后利润。$\pi_0(1) - \tau$ 表示环境规

---

① Jaffe AB, Palmer K. Environmental regulation and innovation:a panel data study [J]. Rev Econ Stat,1997,79(4):610 - 619.

② Brunnermeier SB, Cohen MA. Determinants of environmental innovation in US manufacturing industries [J]. Environ EconManage,2003,45:278 - 293.

③ Ben Kriechel & Thomas Ziesemer. The environment Porter Hypothesis:theory,evidence and a model of timing of adoption [J]. Taylor and Francis Journals,2009,vol. 18(3),pages 267 - 294.

制条件下其他生产者采纳进技术而自己不采纳新技术后的税后利润。$\pi_1(1)$ 表示环境规制条件下其他生产者不采纳进技术而自己采纳新技术后的利润。$\pi_1(2)$ 表示环境规制条件下其他生产者先采纳进技术后而自己也采纳新技术后的利润。

在建立模型之前先做以下几个假设：

① 每个生产者都是以利润最大化为生产目标的。

② 假设生产者的后采纳新技术的报酬是递减的。即 $\pi_1(1) > \pi_1(2)$。

③ 在环境规制条件下即期采纳新技术所带来的收益的增量小于或等于成本的变化量，也即即期采纳新技术是不利的。即 $\pi_1(1) - [\pi_0(1) - \tau] \leqslant -c'(0)$，$\tau > 0$. 这一假设说明在静态的情况下，环境规制不利于技术的进步。

④ 追随领先者采纳新技术总是能获利的。即

$$\inf_t \{c(t)e^{rt}\} < \{\pi_1(2) - [\pi_0 - \tau]/r\}，\tau \geqslant 0$$

⑤ 采纳新技术成本函数是递减的。即 $(c(t)e^{rt})' < 0$，$(c(t)e^{rt})'' > 0$。

在上述假设的基础上，领先者的利润函数：

$$V^1(T_1，T_2) = \int_0^{T_1} [\pi_0(0) - \tau]e^{-rt}\,dt + \int_{T_1}^{T_2} \pi_1(1)e^{-rt}\,dt + \int_{T_2}^{\infty} [\pi_1(2)e^{-rt}\,dt - c(T_1)$$

追随者的利润函数：

$$V^2(T_2，T_1) = \int_0^{T_1} [\pi_0(0) - \tau]e^{-rt}\,dt + \int_{T_1}^{T_2} [\pi_1(1) - \tau]e^{-rt}\,dt +$$

$$\int_{T_2}^{\infty} [\pi_1(2)e^{-rt}\,dt - c(T_2)$$

其中 T_1 是领先者采用新技术的时间，而 T_2 是追随者采用新技术的时间。

根据利润化最大化的条件

对于领先者

$$dV^1/dT_1 = [\pi_0(0) - \tau]e^{-rT_1} - \pi_1(1)e^{-rT_1} - c'(T_1) = 0$$

对于追随者

$$dV^2/dT_2 = [\pi_0(1) - \tau]e^{-rT_2} - \pi_1(2)e^{-rT_2} - c'(T_2) = 0$$

根据以上结论，我们再将最优采用新技术时间作为 T^* 变量并对税收 τ 求导。

对于追随者来说，最优采用新技术时间和环境税之间的关系：

$$\frac{dT_2^*}{d\tau} = \frac{-e^{-rT_2}}{[\pi_0(1) - \tau](-r)e^{-rT_2} + r\pi_1(2)e^{-rT_2} + c''(T_2)}$$

$$= -\frac{-e^{-rT_2}}{-rc'(T_2) + c''(T_2)} < 0$$

同理对于领先者来说，最优采用新技术时间和环境税之间的关系：

$$\frac{dT_1^*}{d\tau} = \frac{-e^{-rT_1}}{[\pi_0(0) - \tau](-r)e^{-rT_1} + r\pi_1(1)e^{-rT_1} + c''(T_1)}$$

$$= -\frac{-e^{-rT_1}}{-rc'(T_1) + c''(T_1)} < 0$$

由以上推导可以看出，所以从动态角度来看，政府的环境税征收程度和生产者采用新技术的最优时间是成反比的，即在政府环境税收越大的情况下，生产者越先采用新技术越有利。

4.2 环境规制对农业科技进步的传导机理

4.2.1 传导机制

4.2.1.1 "波特假说"在农业领域运用的特殊性

波特假说解释了环境规制对科技进步的促进作用，然而这一假说运用于农业领域，却存在主体的不同，传导机制的不同，从而也改变了环境规制政策的实施效果。在工业领域，企业本身既是科技创新主体，也是新技术采纳主体，环境规制增加了企业的环境成本，企业能够针对政策的变化自我应对，进行技术创新来实施创新补偿效应。而在农业领域农业科技进步的主体是由农业科技创新主体（政府）和新技术采纳主体两部分构成，多元化的主体结构使得科技进步主体存在目标和利益的差异性。考虑到社会福利最大化和经济效益的最优化，政府在环境规制前能够积极地进行农业科研创新。而对于农业新技术采纳主体的农户，环境规制政策会使得农户面临着较高的农产品质量标准的壁垒，增加了农业生产者的环境成本，这会迫使农户积极地采纳农业新技术来提高产品产量和质量，但新技术的采纳会增加农户的环境成本，再加上农业生产的弱势地位，政府会对农户采纳新技术采取一定的补贴来诱使农户选择新技术，但这不足以抵消环境规制所增加的环境成本。因而，在环境条件下，农户还必须通过技术采纳后所产生的技术创新补偿效应来实现生产效率的提高和产品质量的改善，以此来实现环境效应和经济效应的双赢。在某种意义上，波特假说对于农业领域仍具有一定的意义。

4.2.1.2　诱致性农业科技进步理论

希克斯提出了诱致性科技创新理论。希克斯认为生产要素相对价格的变化会促使生产者通过技术创新来尽量多使用廉价的生产要素而少使用价格相对昂贵的生产要素。也即要素价格的相对变化会激励人们采取创新技术替代价格相对昂贵的生产要素。生产要素相对稀缺程度及其相对价格的变化情况决定着技术发明、创新的方向。

速水-拉坦的农业诱致性科技创新模型则进一步将诱致性技术创新理论引入到农业生产领域。速水-拉坦模型是建立在两个方面基础上的，首先，在一个经济社会内部，要素的禀赋状况和稀缺程度决定着技术进步和创新的方向。反过来，技术进步本身也改变着要素禀赋的性质和稀缺程度。技术进步能够促使农民有利可图地利用丰裕的要素代替日益稀缺的要素，从而以社会最优的方向来引导农民减少单位成本的要求。[①]

其次，速水-拉坦模型还考察了农业技术的公共产品性质，认为农业技术不同于一般的技术产品，具有公共产品的性质，农业生产技术具有基础性强、成本高、需求弹性低等特点，这也使得农业技术研究的风险性和收益的不确定性得以增大。因而，农业科技创新应当是以社会化或公共机构占主导的制

---

① 速水佑依郎，弗农·拉坦. 农业发展的国际分析［M］. 郭熙保，等，译. 北京：中国社会科学院出版社，2000：107.

度性创新方式。这一诱致性创新理论是建立在市场竞争的假设上，不仅考虑生产者利润最大化的行为目标，还要以公共机构和政府管理者对资源禀赋和经济变化的反应为基础，综合考虑技术-制度的变化。

20 世纪 60 年代，速水和拉坦分别研究了日本和美国的农业现代化历程，发现日本的农业现代化历程主要依靠化肥、良种和水利等技术，而美国则主要依靠机械化技术，这样，日本走上了土地节约型技术道路，美国走上了劳动节约型技术道路。而这正与日本的土地稀缺和美国的劳动稀缺的特点是相吻合的。这也验证了诱致性技术创新理论。

速水-拉坦的诱致性科技进步模型如图 4-4 所示。I0 和 I1 分别表示零期和一期的创新可能曲线，它是由一系列较无弹性的单位等产量线的包络线。模型中假设土地与动力可以代替劳动。假设零期的土地与劳动的相对价格曲线是 $p0$，与 I0 相切与 P 点，在 P 点实现了土地、劳动和动力的最优组合。假设由零期变化到一期，劳动变得相对稀缺，其价格上升，因而土地与劳动的相对价格曲线发生转动，变化为 P1，这样会促使一种新的技术发明导致新的创新可能曲线 I1 的产生，这时与 P1 线相切与 Q 点。这种技术可以使用更大的动力耕种更多的土地。可见，劳动资源的相对稀缺会引发劳动节约型技术的发明而引起科技进步。

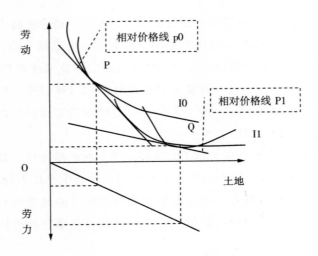

图 4-4 诱致性农业科技进步模型

Fig. 4-4 Model of Induced Agricultural Technological Progress

4.2.1.3　诱致性农业技术进步的必要条件

诱致性农业科技进步的存在是受到一定条件约束的。首先，要求参与市场经济主体是一个自主的、理性的经济行为主体，也即农民完全自主的拥有生产要素并具有自由的处置权，特别是农民能够完全拥有土地的所有权成为内生的农业技术进步的必要前提。其次，还要求生产要素在市场价格引导下能够自由的流动。市场经济主体要求实现其利润最大化的经济目标会促使其对生产要素进行合理组合以实现最大价值。生产要素的稀缺性会引起其市场价格的变化，而要素价格的变化会促使生产者选择适当技术来实现生产要素的相互替代以节省生产成本保证最大化利润的实现，这就要求农业经济中的生产要素能够自由的流动。再次，农业技术投资的低风险性。速水-拉坦模型是建立在农业投资的低风险上的，而在现实中，农业科技进步具有公共产品的特点，存在着成本高和收益的不确定性。而在发展中国家，农业生产的主体是以分散的农户为基础的，他们的市场意识不强，缺乏强烈的技术进步动机，对农业技术进步的风险偏好程度低下。因而，在发展中国家应当建立以政府为主导的诱导性技术进步模式，通过农业经济组织化程度的提高来提高承担风险的能力，强化经济主体追求科技进步的动机。最后，还要求生产的农产品具有较高的需求弹性和收入弹性。只有市场对农产品产生较强烈的需求，才能激发生产者的生产意识而推动农业技术的进步。而对于农产品而言，它们的价格弹性和收入弹性一般较小，容易产生"谷贱伤农"的现象。但是随着居民收入条件的增加、产业结构的调整以及工业化速度的加快，对农产品的消费结构和需求结构会发生改变，由此促进对农产品需求的提高。

然而对于我国农业生产而言，随着市场经济体制改革的深入，土地流转制度的制定及农村劳动力流动程度的加强，生产要素市场的流动性得以实现，这无疑为诱导性农业科技进步创造了条件。

4.2.1.4　环境约束条件下的农业科技进步

在希克斯和弗农·拉坦技术进步理论的基础上，运用诱致性技术进步理论对在环境规制下农业科技进步的促进机制进行分析，以说明波特假说在农业生产中的运用。如图4-5所示，假设在农业中使用两种生产技术来生产某种产品，一种生产技术是生产"污染产品"的污染生产技术，例如不抗病虫害种子、化肥、农药的使用；另一种技术是清洁生产技术例如抗病虫害良种和有机肥技术的使用。$I1$为两种生产技术投入所得到的等产量线。在环境规制之前，由于政府对环境质量要求不高，生产者为之付出的环境成本较低时，可以认为污染技术的相对价格较低为 $P1$ 时，生产者从利润最大化的角度会更多地使用污染技术，去节省清洁生产技术，这时的均衡点是 $E1$（$A1$，$B1$），这样会以环境污染为代价实现生产的目的，此时的生产扩展线为 $OE1$。当政府实施环境规制政策后，比如对农产品制定较高的质量标准，污染技术生产的农产品由于质量低劣而影响其市场竞争力，导致其市场价格较低甚至滞销，从机会成本角度考虑，污染技术的机会成本高，因而生产者承担的相对价格也较高。此外，对清洁技术实施补贴也会导致污染技术的相对价格高。于是，价格相对线由 $P1$ 转移到 $P2$，此时生产者从利润最大化的角度势必会尽量减少污染技术的使用以满足政府对环境质量的要求，生产者会进行技术创新，减少对环境的污染，而更多地使用清洁生产技术，于是生产的均衡点从 $E1$（$A1$，$B1$）转移到 $E2$（$A2$，$B2$）。可见，在环境规制条件下，环境资源价格的上涨，环境治理成本的增加会促使生产者使用清洁生产技术来替代污染生产技术以达到环境规制的目的，此时生产技术扩展线由 $OE1$，通过技术创新转为清洁生产技术扩展线 $OE2$，由此会引发农业科技进步。

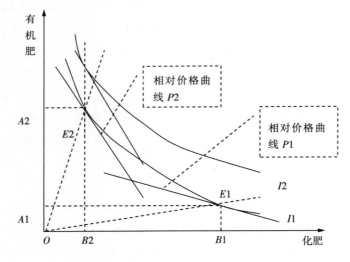

图 4-5 环境规制下的农业科技进步模型

Fig. 4-5 Model of Progress of Agricultural Science and Technology under the Environmental Regulation

4.2.2 理论模型

这里在 Robert Dirk Mohr 的"干中学"模型[①]的基础上建立一个环境规制模型以此来说明环境规制对农业科技进步的传导机制。

（1）模型的假设

假设在一个竞争市场上，所有的农业生产者都具有同样的生产函数，生产同样的某种农产品。生产者的生产函数形式是 $q_t = f(l_t, w_t, K_t)$，这里 q_t 是生产农产品产量，l_t 是生产者投入的要素成本包括劳动投入，w_t 是生产产品是所出现的副产品污染物，K_t 表示生产者使用同一种技术的经验累积量，定义 $K_t = \int_0^t L_\tau \mathrm{d}\tau$，其中 $L_t = Nl_t$。

这里的生产函数符合通常的生产函数假设，即：

$$\frac{\mathrm{d}f}{\mathrm{d}w} > 0, \ \frac{\mathrm{d}^2 f}{\mathrm{d}w^2} < 0; \ \frac{\mathrm{d}f}{\mathrm{d}l} > 0, \ \frac{\mathrm{d}^2 f}{\mathrm{d}l^2} < 0; \ \frac{\mathrm{d}f}{\mathrm{d}K} > 0, \ \frac{\mathrm{d}^2 f}{\mathrm{d}K^2} < 0 。$$

同时还假定在资本和劳动投入数量不变的条件下，在生产者存在的最大污染物数量是 $\overline{w}$ 时，生产者的产量达到最大值，也即当 $w = \overline{w}$ 时，$df/dw = 0$。这一规定是符合理性生产者的假设的，在政府没有出台环境规制政策之前，生产者的考虑是产量的最大化，生产者会考虑充分使用其环境生产要素也即会在达到产量最大化时，使得污染物的排放量也能达到最大化。

个人的效用函数是：

$$u = \int_t^\infty \beta^{(\tau - t)} (q_t - \gamma W_t) \mathrm{d}\tau$$

个人效用函数主要依赖消费品消费数量 q_t 和社会总污染排放量 W_t，这里的 $W_t = Nw_t$。γ 表示社会总污染排放量的边际效用成本。而且对于个人消费者来说，社会总污染量 W_t 是外生变量。β 是未来消费品的贴现率。

由于人口数量假设为既定的，所有的生产者假设都使用既定的生产技术，政府和个人都面临着唯一的污染选择变量 w。因而，政府政策制定应当面临的原则是消费的边际效用等于环境退化的边际负效用。即：

---

① Mohr. R，D. Technicl change，external economics and the porter hypothesis ［J］. Journal of Enovironmental Economics and Management，2002，43（1）：158 – 168.

$$\gamma N = \frac{\mathrm{d}f}{\mathrm{d}w}$$

而对生产者而言，无须考虑生产对环境的影响程度，因而在生产的每个时期都要考虑污染的边际产出为零，也即 $\frac{\mathrm{d}f}{\mathrm{d}w}=0$，因而此时的市场均衡条件为 $\frac{df}{dw}=0$，$W = N\overline{w}$。

现在假设存在两种技术，一种是原有的传统技术 f，另一种是新技术即"清洁"技术 g。新技术的效率明显高于传统旧技术，如图 4-6。也即对于任意给定的 c，w，K 都有：

$$f(l, w, K) < g(l, w, K)$$

如果考虑两种生产技术带来相同的产量，则新技术生产同等产量只需产生较少的污染。因而假设存在污染量 b，对于任意给定的 c，w 都有 $f(l, w, K) = g(l, w-b, K)$。

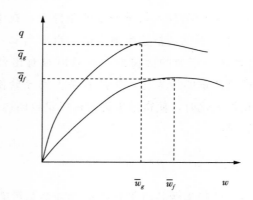

图 4-6　不同技术条件下的产量曲线

Fig. 4-6　The Yield Curve under Different Technical Conditions

（2）短期分析

在短期，由传统技术转向清洁的新技术，必然存在着较高的技术转化成本。假设 t_s 是从技术 f 转向技术 g 的时刻，当时间充分短的时候，也即存在充分小的 α，当 $t - t_s < \alpha$ 时，便有

$$K_f = \int_0^{t_s} L_\tau \mathrm{d}\tau \geqslant K_g = \int_{t_s}^t L_\tau \mathrm{d}\tau$$

因而，便有：

$$f(l, w, K_f) > g(l, w, K_g)$$

可见，在短期内在劳动成本投入和污染相同的条件下，由于传统技术经过广泛使用，劳动者已经处于熟练化的状态，所具有的经验积累量 K 远大于新技术。因而，在短期新技术的生产效率要小于传统技术。

接着从成本收益的角度来分析生产者的这一短期决策行为。假设产品的消费品的价格是 p，传统技术的生产成本是 c_f，其所承受的环境规制成本是 c_0。新技术的生产成本是 c_g，由传统技术向新技术的转化成本是 c_1，这里的技术转化成本包括新技术研发与推广成本，新技术采纳培训成本以及技术推广风险成本。假设新旧技术成本的关系为 $c_f = c_g + c_0 - c_1$。这样，传统技术 f 产生的利润是 $\pi_f = pf(l, w, K_f) - c_f$。而新技术 f 产生的利润是 $\pi_g = pg(l, w, K_g) - c_g$。则有

$$\pi_g - \pi_f = pg(l, w, K_g) - c_g - (pf(l, w, K_f) - c_f)$$
$$= p(g(l, w, K_g) - f(l, w, K_f)) - c_1 + c_0$$

对利润的分析还要比较环境规制成本 c_0 和技术转化成本之间的关系。

如果环境规制成本小于技术转化成本，也即 $c_0 - c_1 < 0$。而由于 $f(l, w, K_f) > g(l, w, K_g)$ 所以便有：

$$\pi_g - \pi_f < 0$$

可见，在短期环境规制不利于农业科技进步的。

而如果环境规制成本足够高，也即环境规制成本大于技术转化成本，也即 $c_0 - c_1 > 0$。则两者利润的大小处于一种不确定的结果。但在现实生活中，这种现象是很难出现的。

（3）长期分析

首先比较个人的效用函数，在传统技术条件下个人的效用函数：

$$u_f = \int_t^\infty \beta^{(\tau - t)} (q_{ft} - \gamma W_{ft}) \mathrm{d}\tau = \int_t^\infty \beta^{(\tau - t)} (f_t(l, w, K) - \gamma W_{ft}) \mathrm{d}\tau$$

而在传统技术条件下个人的效用函数：

$$u_g = \int_t^\infty \beta^{(\tau - t)} (q_{gt} - \gamma W_{gt}) \mathrm{d}\tau = \int_t^\infty \beta^{(\tau - t)} (g_t(l, w, K) - \gamma W_{gt}) \mathrm{d}\tau$$

由于理性的生产者在生产的每一时期都考虑最大可能污染量排放下的产量的最大化，所以两种生产技术在达到均衡状态时存在

$$\gamma W_f = \gamma N \overline{w}_f > \gamma N \overline{w}_g = \gamma W_g, \ (\overline{w}_f > \overline{w}_g)$$

由于新技术的生产效率大于传统技术，对于给定的相同的 l，w，K，都有

$$f(l, \ w, \ K) < g(l, \ w, \ K)$$

所以有 $u_g > u_f$。

可见，长期新技术带来的个人效用会大于传统技术带来的个人效用，由此带来社会福利水平的提高，因此在长期政府要通过环境规制来促进农业科技进步。

接着从成本收益的角度比较传统技术和新技术收益状况。这里假设环境规制前消费品的价格是 p_0，环境规制采用新技术后消费品的价格是 p_1，且有 $p_0 < p_1$。实际上，环境规制前和刚好实行环境规制时农产品的价格是相同的，主要由于绿色农产品被市场所接受需要一个过程，一是能够被消费者所接受需要一个过程，二是产品的绿色认证也是需要一个阶段的，在短期，采用新技术后的绿色产品难以被市场所接受，价格难以提高。而在环境规制后的足够长的时间里，采用新技术后绿色农产品由于产品质量好，获取了产品的绿色认证并被市场所接受，所以其价格会高于一般农产品价格。

环境规制的成本仍然 c_0。并且假设在长期新技术的转化成本 $c_1 = 0$，这是因为在长期新技术的风险成本趋于 0，而由于生产的学习效应的存在，研发成本及技术培训的成本也被分摊趋于 0。这样新旧技术成本的关系为 $c_f = c_g + c_0$。

使用传统技术的利润函数为 $\pi_f = p_0 f(l, \ w, \ K_f) - c_f$，使用新技术的利润函数为 $\pi_g = p_1 g(l, \ w, \ K_g) - c_g$。于是有：

$$\pi_g - \pi_f = p_1 g(l, \ w, \ K_g) - c_g - (p_0 f(l, \ w, \ K_f) - c_f)$$

$$= p_1 g(l, \ w, \ K_g) - (p_0 f(l, \ w, \ K_f) + c_0)$$

由于 $p_0 < p_1$，$f(l, \ w, \ K) < g(l, \ w, \ K)$，所以 $\pi_g - \pi_f > 0$。

可见，在长期由于技术效率的提高，以及产量、产品质量的提高，一方

面会分摊由于技术创新所产生的成本，形成"波特假说"中所谓的过程补偿；另一方面由于产量及产品价格的提高所带来的收益会抵销技术创新所产生的成本，形成波特假说中所谓的产品补偿。

4.2.3 传导路径

4.2.3.1 工业领域的传导路径

在工业领域，科技进步的主体是企业，而企业的目标则是利润的最大化。在政府的激励型环境政策下，作为完全市场主体的企业能够在政府的政策信息下进行理性的行为决策。在政府环境税、相关补贴政策的激励下，企业能够进行利益的权衡并能进行环境技术的创新，通过创新补偿机制弥补环境成本并产生成本优势和产品差异构成新加入企业的生产壁垒而形成竞争优势，实现经济效益的提升，最终实现科技的进步和创新（见图 4 - 7）。

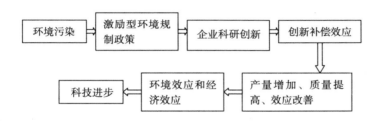

图 4 - 7　工业领域环境规制的传导路径

Fig. 4 - 7　The conducting path of environmental regulation in the industry

工业领域环境规制的效果也得到了众多学者的验证。例如 Brunnermeier and Cohen（2003）在对美国 1983—1992 年 146 个制造业的面板数据分析时得出环境规制和技术创新之间有正向的变化关系，得出治污成本的增加对环境专利有较弱的正相关关系，治污成本每增加一百万美元，环境专利增加 0.04%。赵红（2008）研究了环境规制对中国企业科技创新的促进作用，结果显示环境规制在中长期的促进作用较为明显，其中环境规制对滞后 1 或 2 期的 R&D 投入强度、专利授权数量以及新产品销售收入比重有显著的正效应，环境规制强度每提高 1%、三者分别增加 0.12%、0.30% 和 0.22%。环境规制效果明显的原因与科技进步主体目标的单一性、科技创新与技术采纳主体的统一性是分不开的。

4.2.3.2 农业领域的传导路径

相对于工业而言，农业科技进步主体的多元性和科研创新的复杂性使得农业科技进步的过程和环境规制的传导路径受到一定的扭曲。这里需要强调的是在本研究中涉及的农业科技进步主要以清洁生产为基础的技术创新、产品结构调整和生产组织方式的改进等。本研究主要探讨的是激励型环境规制政策对这一农业科技进步的传导机制（见图 4-8）。

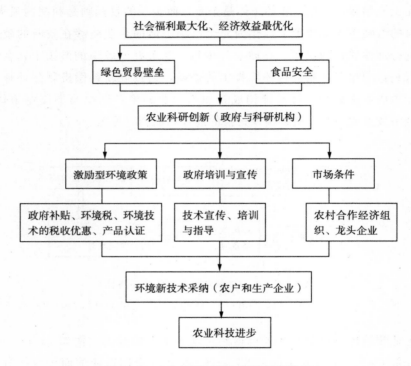

图 4-8 农业领域环境规制的传导路径

Fig. 4-8 The conducting path of environmental regulation in the agriculture

农业科技进步的主体包括农业科研创新主体（政府和科研机构）和新技术采纳主体（农户）。在环境规制面前，它们的利益动机和目标存在一定的差异性，这使得农业科技进步的进程和效果受到影响。农业科研的风险性和公共产品性质使得农业科研创新多有政府来承担。对于农业科研创新主体即政府和科研机构而言，在环境规制下，它们的行为目标是社会福利最大化和社会经济的最优化，农业污染的存在一方面会导致农产品质量的低劣，在国际绿色贸易壁垒等环境规制政策前，本国农产品的出口受到影响，进而也会影响到整个国家的经济利益以及农民的收入；另一方面，农业污染还导致农产品质量安全问题的发生，进而会影响整个社会的福利水平。在这种情形下，出于国家社会福利最大化和经济利益最优化考虑的政府势必会主动地进行科研创新，改善农业生产环境，提高农产品质量。农业污染下政府的科研创新行为是对市场失灵的一个纠正，也是对社会福利和经济可持续发展的充分考虑。

农业新技术采纳主体（农户和生产性企业）则是更加完全意义上的市场主体，追求经济效益则是它们的行为目标，它们的经济行为更多地受到市场机制和政府的利益导向的影响。因而在农业污染条件下，需要运用激励型环境规制政策诱导它们的环境新技术采纳行为。同时，农业经济体制改革的完善、城乡户籍制度的改革、农村土地流转制度的建立为农业生产要素的自由流动创造了条件，这为环境约束下激励型环境规制政策的实施提供了前提。

环境规制政策包括命令-控制型环境政策和激励型环境政策。其中对农业科技进步起促进作用的主要是激励型环境政策。而激励型环境政策包括环境税、补贴以及排污费等价格手段的规制政策，还包括以排污权、农产品认证等控制污染量的规制手段。激励型环境规制政策能够为农户和生产性企业的生产行为提供一个市场信息，农业生产者根据这一讯息调整自己的生产行为，选择适当的环境新技术，去追求自身的经济利益。例如对农民使用有机肥进行补贴，会诱使农民增加有机肥使用数量而减少对化肥的使用数量，对一些抗病虫害良种实行补贴也会促使农民选择良种而减少对农药的施用量，对农户的秸秆利用行为进行补贴会减少秸秆的焚烧行为。而环境税的征收又会遏制农户的农业污染行为，实行农业绿色产品认证制度则是肯定农户的环境行为，并能突出产品的品质差异而形成品牌效应，从而提高农民的经济效益。

农业领域的环境规制采用激励型环境规制政策来实现对污染的控制。由于农业生产的污染排污难以衡量，因而无法像工业领域那样通过建立适当排放标准来控制污染，但农业领域可以对农产品建立质量标准来控制生产污染行为，例如对农产品实现 ISO 绿色认证等，环境质量标准的建立会增加农业生产者的环境成本，政府则运用激励型环境政策对环境技术实施补贴，通过市场信号刺激农户对农业新技术的选择，例如有机肥使用补贴，秸秆利用技术补贴等，而环境技术也会通过产品质量改进或生产效率的提高而获得成本补偿。

在农业污染条件下，农户在从事环境行为还会受到技术、资金等生产要素的限制。政府还要运用农业中的"绿箱政策"对农业技术培训、病虫害控制、农产品质量检测以及农业产业结构调整进行补贴，运用激励型经济政策促进农户的技术采纳行为。政府还要对农户的环境技术行为予以必要的金融支持，提供畅通的融资渠道。

农户是较为分散的市场竞争主体，参与市场竞争能力较弱。因而，农户在新技术采纳过程中，需要借助于龙头企业和农村合作经济组织实现新技术的科学使用、生产资料的集中采购以及畅通的产品销售渠道，并逐渐形成产品的竞争优势，形成有利于环境新技术采纳的市场条件。

相比工业领域而言，环境规制对农业科技进步的促进作用较弱，在接下来的三章中将以安徽省为例对这一传导机制及其影响效果和形成原因进行实证的分析。

4.3　本章小结

"波特假说"从六个方面论证了环境规制对科技进步的传导机制：（1）生产者的"有限理性"。（2）环境规制能创造经济绩效。（3）环境规制能够降低投资风险。（4）环境规制能够激发生产者的技术进步和创新意识。（5）环境规制促使传统竞争优势思想的改变。（6）环境规制的"创新补偿效应"。而创新补偿效应和先行者优势理论是波特假说的核心思想所在。"波特假说"的实施条件归纳起来就是动态模型和"恰当设计"的环境政策。本章在对"波特假说"的内涵及其传导机制进行了较为深入和系统的分析，并运用经济学理论和相关理论模型进行了理论推导。

在"波特假说"的基础上，本章还运用诱致性科技创新理论，结合我国农业的生产特征和产品的市场特征，在 Robert Dirk Mohr 的"干中学"模型的基础上建立一个环境规制模型，分别从短期效应和长期效应两个方面，由生产的社会效用和成本-收益的角度出发对环境规制对农业科技进步的传导机制进行了比较分析，最终的分析结果是从长期效应而言，环境规制是有利于农业的科技进步的。

本章还对工业领域和农业领域环境规制的传导路径进行了比较，科技进步主体的不同、利益目标不同以及科技进步产品性质不同导致了对农业科技进步的传导过程和路径较为复杂，传导的效果也较工业领域弱。本章的理论分析为下一章实证分析的展开提供了理论基础。

第五章 环境规制对农业
科技进步传导机制的实证分析

"波特假说"主要从长期效应论证了环境规制和科技进步之间的正向变化关系，而在"波特假说"的基础上，运用诱致性科技创新理论分析了环境规制对农业科技进步的促进作用机制。本章以安徽省为例建立 VAR 模型实证地分析这一作用机制。在安徽省 1990—2009 年的农业生产数据的基础上，选择合适的环境规制和农业科技进步的指标变量，建立了 VAR 模型，运用了 Johansen 协整分析方法验证了安徽省农业生产中的环境规制和农业科技进步的关系也符合"波特假说"，Granger 因果关系检验说明了环境规制是农业科技进步产生的原因，脉冲响应分析和方差分析则更深入地从定量的角度分析了环境规制对农业科技进步的影响滞后的趋势和影响程度。由实证的分析可以看出，只是从短期来看，环境规制是不利于农业的科技进步的；但从长期效应来看，环境规制有利于农业的科技进步。

5.1 问题的提出

我国在推进现代农业生产时，由于农业生产废弃物（秸秆，畜禽粪便等）的不节制排放以及农业生产中的生化物质的大量投入，农业污染问题越来越严重。农业污染的日益严重，造成了农业经济效益的损失和生态环境的危害，已经受到政府和社会各界的关注。因而，治理农业生产领域污染便显得越发重要。降低化肥，农药投入量，减轻农业污染物的排放量，合理规定农业生产种植业结构，实施循环农业，实现农业废弃物的循环利用，以此来降低环境污染程度。可见，环境污染的加剧会促使社会对环境污染规制的重视，而环境规制的实施除了政府的制度约束外，更多地依靠科技进步来降低农业污染物的排放，提高农业资源的利用效率，从而实现农业生产的经济效益和生态效益的双赢。

环境规制和科技进步的关系在工业领域，国内外学者进行了探索和验证。但在农业生产领域，对环境规制和科技进步关系的验证尚不多见，主要原因在于工业领域的环境规制的政策措施较为规范，研究的方法和指标测算业已成型。而农业领域由于规制措施较为零散，间接规制多，规制的成本无法衡量。此外，农业领域的污染治理也主要通过优良品种的使用，农业废弃物的再利用，农业生产结构的调整来实现的，这些措施中虽然更多的通过科技进步来体现，但其投入数量难以确定。因此在研究农业领域环境规制和科技进步关系时，环境规制的成本如何衡量？农业科技进步指标如何测算？环境规制能否促进农业科技进步？对这些问题的探讨构成了实证分析的重点。本章将在 VAR 模型的基础上，选择合适的环境规制强度指标和农业科技进步指标，通过 Johansen 协整分析方法验证环境规制和农业科技进步之间的关系，并运用脉冲响应分析和方差分析更深入地从定量的角度分析了环境规制对农业科技进步的影响滞后的趋势和影响程度，以此来对两者之间的传导机制及其效果展开实证的分析。

5.2　理论分析与研究假说

5.2.1　理论分析

环境规制对科技进步的影响分析，在工业领域国内外学者进行了广泛的研究和验证。许多学者在环境规制对企业技术革新的政策以及技术选择策略的影响方面进行了大量的实证研究，特别是在环境规制对研发成本的投资或者对新技术或专利的采纳等作用机制方面进行了一定的探索。Jaffe 和 Palmer（1997）在对美国企业的研发资金投入、专利应用和环境规制关系研究时，发现研发资金投入呈现积极的影响，其弹性系数是 0.15，而对专利的应用方面不具有统计意义上的联系。而同样针对美国企业的生产数据，Brunnermeier 和 Cohen（2003）发现环境规制对环境专利有较微弱的正向促进关系，而仅在环境规制以遵循成本衡量时表现出来，而当环境规制以一系列政策监督数目代替时则不具有统计意义上的关系。Popp（2006）在对美国二氧化硫的环境控制、德国和日本的二氧化碳环境控制研究时得出，环境规制可以显著地提高相关环境专利的数量。Arimura 等（2007）研究发现环境规制和环境技术研发投资之间有着积极的促进关系。Lanoie 等（2008）实证地分析了环境规制和全要素生产率（TFP）的关系，得出严格的环境规制有利于企业的技术创新，从而有利于促进企业的生产效率，提高企业的生产绩效。

国内学者黄德春和刘志彪（2006）运用 Robert 模型中并引入技术系数分析发现，环境规制在给企业带来直接费用的同时，也会激发一定程度的技术创新并能抵消部分或全部费用。因此环境规制可以降低污染水平，也能够促进科技进步。王国印（2011）认为在研究环境规制对科技创新的关系中，用每千元工业产值的污染治理成本作为环境规制的衡量指标，研发支出和专利申请数量作为科技进步的衡量指标。通过一个带滞后变量的多元回归模型对这一关系进行了检验，对我国中东部地区 1999—2007 年有关面板数据的实证分析研究发现，"波特假说"在较落后的中部地区得不到支持，而在较发达的东部地区得到了很好的支持。但在农业领域对于环境规制与农业科技进步的关系的研究尚不多见，这就构成了本章的研究重点。

5.2.2 研究假说

根据"波特假说"和中国农业生产的实际，本研究认为从短期来看，环境规制是不利于农业科技进步的；但从长期来看，环境规制能够促进农业科技进步，但相比工业而言，农业环境规制的促进效果较弱。

从短期看，环境规制能够使得生产者增加用于环境治理的成本而挤占农业科研资金，不利于企业的技术创新；但是从长远角度来说，农业生产者为了自身的生存，增强产品的综合竞争力，必然会增加科技创新的投入，提高产品的产量和质量，从而获取更大的利润。从这个意义上说，环境规制有利于农业的科技进步。但是考虑到中国农业的生产主体是以联产承包责任制为框架下的分散的农户，当前农户的环境意识、科技意识较淡薄，农户生产特征、市场条件和政府的政策环境条件会减弱环境规制的促进效果，从而导致环境规制对农业科技进步的具有较弱的正相关关系。

5.3 模型选择和实证分析

5.3.1 变量的选择与测定

5.3.1.1 环境规制及其强度指标

（1）环境规制强度指标选择的说明

对于环境规制强度的衡量，学者们采用了不同的方法和指标，比如污染治理支出和成本、环境管理情况以及污染排放情况等。但多数学者倾向采用污染治理支出和成本作为环境规制强度的衡量指标，原因在于，当企业面临较严格的环境规制时，会花费较多的支出和成本在污染治理上，污染治理成本和支出会随着环境规制强度的提高而增加，使用污染治理支出和成本能够较好地反映产业面对的环境规制强度。当前的研究主要集中在工业污染的环境规制方面，其指标数据主要体现在环境投资和治理的成本、废弃物的排放上，数据来源广泛且较为可得，但农业环境治理支出数据是缺失的。也有些学者使用人均 GDP 量作为环境规制变量，但本研究中考虑到模型的多重共线性，没有将之作为环境规制强度的衡量指标。

在农业领域里，环境规制的成本较为隐蔽难以衡量，一方面表现在国家对农产品质量规定较严格的质量标准以及产品的出口又受到较高的绿色壁垒的限制，涉农生产者需投入适当成本来改善农业生产环境确保产品质量；另一方面表现在国家对农业污染的治理及投资也较工业领域滞后，治理的方式主要表现在产业结构的调整，化肥农药的替代以及优良品种的选择上，治理成本也难以衡量。

为了克服上述局限性以及研究数据的可得性，本书选用环境污染排放指标作为农业环境规制强度指标，对于一个效能政府和生产者而言，环境污染程度越高，其治理成本就越大，环境规制的难度也就较大，环境规制的强度也就越大。主要原因是农业污染程度越高，政府就会对农产品质量制定较严格的标准，同时对农业污染治理的成本也就越大。同时，农业污染程度越高，农产品质量就难以达到绿色贸易壁垒标准，一国产品出口成本就会越高，农民利益难以保障。从机会成本的角度看，农业环境污染会导致农作物减产，粮食以及畜禽产品品质下降，从而导致农业产量的减少和产值的降低。可见，农业污染程度越高，政府的规制力度就越大，生产者受到贸易壁垒制约程度也越大，其改善产品品质支出也越大，因而生产企业受到的环境规制约束就越大。鉴于此，这里采用农业污染排放指标即过剩氮量来衡量农业环境规制强度。

（2）环境规制指标的度量方法

过剩氮量衡量指标来源于曲劳养分平衡理论。曲劳（Truog）的养分平衡理论，主要是以作物与土壤之间养分供求平衡为目的，根据作物的需肥量与土壤供肥之差，求得实现计划产量所需肥料量。本书根据曲劳养分平衡理论建立耕地过剩氮量的测算模型：

$$S = \sum X_j Y_j + \sum E_k F_k + A - \sum P_i Q_i \qquad (5-1)$$

式（5-1）中，S 表示过剩氮含量，其表示为某地区实际提供的氮含量和农作物实际需要的含氮量之差。X_j 表示第 j 种家畜粪肥含氮量，Y_j 表示某三年平均第 j 种家畜总饲养量；E_k 为第 k 种化肥的单位氮量，F_k 为某三年平均第 k 种化肥的使用量；P_i 表示第 i 种农产品的单位耗氮量；Q_i 表示某三年平均第 i 种农产品的总产量；A 表示某地土壤里的固有含氮量。S 的结果可以对各个地区的过剩氮污染现状做出基本的判断，当 $S > 0$ 时，说明该地区耕地中存在过剩氮量，绝对值越大，污染程度越高；当 $S < 0$ 时，说明该地区耕地中不存在过剩氮、磷量。

运用过剩氮量作为农业环境规制强度指标是可行的，也是可以操作的。对于一个环境治理意识强烈的效能政府和企业而言，在农业污染处于上升阶段，农业环境规制强度与农业污染的强度是成正比的，即农业污染强度越大，环境治理采取的力度也就越大，对农产品质量限制的标准也就越严格，其治理成本也就越大，环境规制的强度也就越大。而曲劳养分平衡模型又为过剩氮量的测定提供了理论依据。

本书运用曲劳养分平衡理论对安徽省农业生产的过剩氮量进行了测量，安徽省的过剩氮排放量见图 5-1。

由图 5-1 可以看出，虽然自 2004 年以来，随着农业产业结构的调整，以及农村环境治理措施的出台，农业的过剩氮量有所下降，但自 1990 年以来的总趋势看安徽省的过剩氮量主要呈波动性的递增趋势。这主要是由于改革开放以后，随着化肥工业的增长以及畜牧业的快速发展，现代化进程的发展，农民对化肥的使用量增加，畜牧产业和养殖业的迅速发展，导致了土壤中过

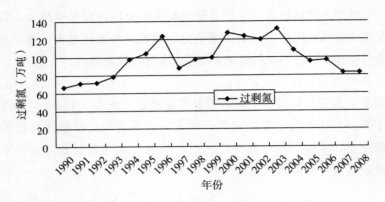

图 5 - 1　安徽省 1990 - 2008 年过剩氮排放量图

Fig. 5 - 1　Excessive nitrogen in agriculture production of Anhui Province from 1990 to 2008

剩氮的产生并呈现递增的趋势发展，由此可以看出农业生态环境的压力在不断增大，对农业的环境规制力度也随之增强。

5.3.1.2　农业科技进步及其指标度量

柯布-道格拉斯生产函数是分析科技进步率较常用的方法。根据新古典经济学的思想，科技进步率被认为是除资本、劳动之外的科技要素对经济增长的贡献率。因而科技进步的测算指标来源于农业生产函数，这里假设安徽省的农业生产函数为柯布-道格拉斯生产函数：

$$Y_t = A_t X_1^{\alpha_1} X_2^{\alpha_2} X_3^{\alpha_3} X_4^{\alpha_4} \tag{5-2}$$

为了避免多重共线性，这里假设农业生产函数的前提条件是规模报酬不变。[①]在农业生产函数中，Y 表示农业生产总值，X_1 为农村耕地面积，X_2 为农村劳动力人数，X_3 为农业机械总动力，X_4 为农业使用化肥数量，A_t 为农业科技进步指标。α_1，α_2，α_3，α_4 分别表示农村耕地、农村劳动力、农业机械以及农业使用化肥对产出的贡献率。根据农业生产函数可以求出农业科技进步指标的计算公式：

$$A_t = \frac{Y_t}{X_1^{\alpha_1} X_2^{\alpha_2} X_3^{\alpha_3} X_4^{\alpha_4}} \tag{5-3}$$

---

① David Romer. Advanced Macroeconomics[M]. The McGraw — Hill Companies, Inc, 1996: 12 - 15.

　　为了估计出农业生产函数的参数 α_1，α_2，α_3，α_4 值，根据本书所选择变量首先建立对数回归方程：$\ln Y = \ln c_0 + c_1 \ln X_1 + c_2 \ln X_2 + c_3 \ln X_3 + c_4 \ln X_4$。考虑到农业生产函数的规模报酬不变的条件，因此需假设

$$\alpha_i = c_i / \sum c_j, \quad i = 1,\ 2,\ 3,\ 4$$

　　本书 Y 表示农业生产总值农村耕地面积、农村劳动力人数、农业机械总动力和农业使用化肥数量数据选自安徽省 1990—2009 年《安徽统计年鉴》中农业生产总值（扣除价格变动因素，以 1990 年不变价格为基准）、农村耕地面积、农村劳动力人数、农用机械总动力以及使用化肥数量数据对模型进行多元回归分析，得出参数：

　　$c_1 = 0.07$，$c_2 = 0.07$，$c_3 = 0.29$，$c_4 = 0.75$，$R^2 = 0.98$，$DW = 2.77$.

　　于是可得

$$\alpha_1 = 0.06，\quad \alpha_2 = 0.06，\quad \alpha_3 = 0.25，\quad \alpha_4 = 0.63$$

　　将参数代入（5-3）式，得出农业科技进步率表达式：

$$A_t = \frac{Y_t}{X_1^{0.06} X_2^{0.06} X_3^{0.25} X_4^{0.63}} \tag{5-4}$$

　　将各年度数据代入（5-4）式即可算出安徽省各年度的农业科技进步指标，见表 5-1。

表 5-1　1990-2009 年安徽省农业科技进步指标

Tab. 5-1　Agricultural technological progress index in Anhui Province from 1990 to 2009

年份	农业科技进步指标（%）	年份	农业科技进步指标（%）
1990	11.87	2000	12.64
1991	9.95	2001	12.53
1992	11.38	2002	12.65
1993	11.57	2003	11.53
1994	11.25	2004	12.51
1995	12.04	2005	12.42
1996	11.53	2006	12.86
1997	12.67	2007	12.87
1998	11.93	2008	12.96
1999	12.59	2009	12.92

5.3.2 研究模型和方法

考虑到"波特假说"是从动态的角度分析了环境规制和科技进步之间的关系，因而这里主要选择一个向量自回归模型（VAR）来分析环境规制对农业科技进步的关系，并分析随机扰动对这一经济系统的动态冲击，以此来解释环境变量的变化对农业科技进步的影响程度及其影响过程。

在建立向量自回归模型（VAR）之前首先要对两变量进行单位根检验。单位根检验主要适用于非平稳序列变量平稳性检验。这里选用的检验主要包括 ADF 检验和 PP 检验。[①] 在单位根检验的基础上，建立向量自回归（VAR）方程：

$$\begin{bmatrix} y_t \\ x_t \end{bmatrix} = \begin{bmatrix} \varphi_{10} \\ \varphi_{20} \end{bmatrix} + \begin{bmatrix} \varphi_{11}^{(1)} & \varphi_{12}^{(1)} \\ \varphi_{21}^{(1)} & \varphi_{22}^{(1)} \end{bmatrix} \begin{bmatrix} y_{t-1} \\ x_{t-1} \end{bmatrix} + \begin{bmatrix} \varphi_{11}^{(2)} & \varphi_{12}^{(2)} \\ \varphi_{21}^{(2)} & \varphi_{22}^{(2)} \end{bmatrix} \begin{bmatrix} y_{t-2} \\ x_{t-2} \end{bmatrix} + \cdots + \begin{bmatrix} \varphi_{11}^{(p)} & \varphi_{12}^{(p)} \\ \varphi_{21}^{(p)} & \varphi_{22}^{(p)} \end{bmatrix} \begin{bmatrix} y_{t-p} \\ x_{t-p} \end{bmatrix} + \begin{bmatrix} \varepsilon_{1t} \\ \varepsilon_{2t} \end{bmatrix}$$

（1）Johansen 协整分析

Johansen 协整检验是基于 VAR 模型基础上的对回归系数的检验，协整的定义是：

k 维向量的时间序列 y_t 的分量间被称为 d，b 协整，记为 $y_t \sim CI(d, b)$，如果满足：

① $y_t \sim I(d)$，要求 y_t 的每个分量都是 d 阶单整的；

② 存在非零向量 β，使得 $\beta' y_t \sim I(d-b)$，$0 < b \leqslant d$。

简称 y_t 是协整的，向量 β 又称协整向量。

对于 k 维向量时间数列 y_t 最多可能存在 $k-1$ 个线性无关的协整向量，这里先考虑最简单的二维情形，不妨记 $y_t = (y_{1t}, y_{2t})'(t=1, 2, \cdots, T)$，其中 y_1，y_2 都是 $I(1)$ 时间数列。

若存在 c_1，使得 $y_1 - c_1 y_2 \sim I(0)$；另有 c_2，使得 $y_1 - c_2 y_2 \sim I(0)$，则 $(y_{1t} - c_1 y_{2t}) - (y_{1t} - c_2 y_{2t}) = (c_1 - c_2) y_{2t} \sim I(0)$，$t = 1, 2, \cdots, T$

由于 $y_2 \sim I(1)$，所以只能有 $c_1 = c_2$，可见 y_1，y_2 协整时，协整向量 $\beta = (1, -c_1)'$ 是唯一的。一般地，设由 y_t 的协整向量组成的矩阵为 B，则矩阵 B 的秩为 $r = r(B)$，那么 $y_0 \leqslant r \leqslant k-1$。

[①] 高铁梅. 计量经济分析方法与建模 ［M］. 北京：清华大学出版社，2009：267-297.

（2）Granger 因果关系检验

对于上述二元 p 阶的 VAR 模型中，当且仅当系数矩阵中的系数 $\varphi_{12}^{(q)}$，（$q=1$，2，$\cdots$，p）全部为 0 时，变量 x 不能 Granger 引起的 y，等价于变量 x 外生于变量 y。这时，判断 Granger 原因的直接方法是利用 F-检验下述联合检验。

H_0：$\varphi_{12}^{(q)}=0$，$q=1$，2，$\cdots$，p

H_1：至少存在一个 q，使得 $\varphi_{12}^{(q)} \neq 0$

其统计量为

$$S_1 = \frac{(RSS_0 - RSS_1)/p}{RSS_1/(T-2p-1)} \sim F(p,\ T-2p-1)$$

服从 F 分布。如果 S_1 大于 F 的临界值，则拒绝原假设；否则接受原假设：x 不能 Granger 引起的 y。其中：RSS_1 是 VAR 方程中 y 方程的残差平方和：

$$RSS_1 = \sum_{t=1}^{T} \varepsilon_{it}^{\ 2}$$

RSS_0 是不含 x 的滞后变量（即 $\varphi_{12}^{(q)}=0$，$q=1$，2，$\cdots$，p），方程的残差平方和：

$$y_t = \varphi_{10} + \varphi_{11}^{(1)} y_{t-1} + \varphi_{11}^{(2)} y_{t-2} + \cdots + \varphi_{11}^{(p)} y_{t-p} + \tilde{\varepsilon}_{1t}$$

则有
$$RSS_0 = \sum_{t=0}^{T} \varepsilon'_{it}{}^{2}$$

在满足高斯分布的假定下，检验统计量 S_1 具有精确的 F 分布。如果回归模型满足上述 VAR 模型，一个渐进等价检验可由下式给出：

$$S_2 = \frac{T(RSS_0 - RSS_1)}{RSS_1} \sim \chi^2(p)$$

其中，S_2 服从自由度为 p 的 χ^2 分布。如果 S_2 大于 χ^2 的临界值，则拒绝原假设；否则接受原假设：x 不能 Granger 引起的 y。

（3）脉冲响应分析

由于 VAR 模型是一个非理性的模型，它无须对变量作任何先验性约束，因此在分析时，往往不分析一个变量的变化对另一个变量的影响如何，而是分析当一个误差项发生变化，或者说模型受到某种冲击时对系统的动态影响，这就是脉冲响应函数方法。

脉冲响应分析主要是用来考虑一种扰动项的影响是如何传播到各变量的，以下根据两变量的 VAR 模型来说明这一分析方法：

$$\begin{cases} x_t = a_1 x_{t-1} + a_2 x_{t-2} + b_1 z_{t-1} + b_2 z_{t-2} + \varepsilon_{1t} \\ z_t = c_1 x_{t-1} + c_2 x_{t-2} + d_1 z_{t-1} + d_2 z_{t-2} + \varepsilon_{2t} \end{cases} \quad t = 1, 2, \cdots, T$$

其中，a_i，b_i，c_i，d_i 是参数，扰动项 $\varepsilon_t = (\varepsilon_{1t}, \varepsilon_{2t})'$，假定是具有下面这样性质的白噪声向量：

$E(\varepsilon_{it}) = 0$，对于任意的 t，$t = 1, 2$

$\text{var}(\varepsilon_t) = E(\varepsilon_t, \varepsilon'_t) = \{\sigma_{ij}\}$，对于任意的 t

$E(\varepsilon_{it}\varepsilon_{is}) = 0$，对于任意 $t \neq s$，$i = 1, 2$

假定上述系统从 0 期开始活动，且设 $x_{-1} = x_{-2} = z_{-1} = z_{-2} = 0$，又设于第 0 期给定了扰动项 $\varepsilon_{10} = 1$，$\varepsilon_{20} = 0$，并且其后均为 0，即 $\varepsilon_{1t} = \varepsilon_{2t} = 0(t = 1, 2, \cdots)$，称此为第 0 期给 x 以脉冲，下面讨论 x_t 与 z_t 的响应，$t = 0$ 时：

$$x_0 = 1, \ z_0 = 0$$

将其结果代入上述 VAR 方程，$t = 1$ 时：

$$x_1 = a_1, \ z_1 = c_1$$

再将此结果代入上述 VAR 方程，$t = 2$ 时：

$$x_2 = a_1^2 + a_2 + b_1 c_1, \ z_2 = c_1 a_1 + c_2 + d_1 c_1$$

继续这样计算下去，设求得的结果为：x_0，x_1，x_2，x_3，x_4，$\cdots$
称为由 x 的脉冲引起的 x 的响应函数。同样所求得

$$z_0, \ z_1, \ z_2, \ z_3, \ z_4, \ \cdots$$

称为由 x 的脉冲引起的 x 的响应函数。

5.3.3　实证分析

这里在向量自回归模型（VAR）的基础上运用 Johansen 协整分析、Granger 因果关系检验和脉冲响应分析来检验环境规制对农业科技进步的传导机制，并对其影响程度和滞后趋势进行模拟。为了验证环境规制和农业科技进步之间的关系，环境规制强度指标用过剩氮量即 S_t 表示，农业科技进步指

标用 A_t 表示。建立回归模型：$A_t = a + bS_t$，将本书计算所得过剩氮量 S_t 数据和农业科技进步 A_t 对模型进行回归分析得出：$A_t = 11.12560 + 0.009829S_t$，$R^2 = 0.067842$。该模型的拟合优度较差，不能显示两变量之间的关系。但对 S_t 和 A_t 的序列曲线图分析发现，两者的变化趋势较接近，A_t 序列变化略滞后于 S_t 序列变化，两者可能存在某种长期的稳定关系。因此，有必要分析这两个序列之间的协整关系。

（1）数据的单位根检验

在进行协整分析之前首先要对 S_t 和 A_t 序列进行单位根检验以判断数据的平稳性。协整分析的前提是各序列是非平稳序列但经过一阶差分后数据变为平稳序列，即两个序列应当都是一阶单整序列。以下运用 eviews 5.0 对 S_t 和 A_t 序列进行 ADF 单位根检验和 PP 单位根检验（见表 5-2、表 5-3）。① 由 ADF 和 PP 检验的统计量和临界值比较可见，在没有差分之前，各统计量均大于不同水平下的临界值，而经过一阶差分之后的 ADF 和 PP 检验的统计量均小于不同显著性水平下的临界值，属于一阶平稳序列。因此，由检验结果可以看出 S_t 和 A_t 序列均是非平稳序列且存在一阶单整 $I(1)$，满足协整检验的条件。

表 5-2　S_t 和 A_t 序列 ADF 单位根检验结果

Tab. 5-2　The result of ADF unit root test about the sequence of S_t and A_t

变量	ADF 检验值	1%的临界值	5%的临界值	10%的临界值	p 值
S_t	−2.053188	−3.857386	−3.040391	−2.660551	0.2638
d (S_t)	−4.649623	−3.886751	−3.052169	−2.666593	0.0022
A_t	−1.982878	−3.886751	−3.052169	−2.666593	0.2906
d (A_t)	−11.17763	−3.886751	−3.052169	−2.666593	0.0000

表 5-3　S_t 和 A_t 序列 PP 单位根检验结果

Tab. 5-3　The result of PP unit root test about the sequence of S_t and A_t

变量	PP 检验值	1%的临界值	5%的临界值	10%的临界值	p 值
S_t	−2.028274	−3.857386	−3.040391	−2.660551	0.2732
d (S_t)	−4.645002	−3.886751	−3.052169	−2.666593	0.0022

---

① 易丹辉. 数据分析与 Eviews 应用［M］. 北京：中国统计出版社，2002：161-168.

（续表）

变量	PP 检验值	1％的临界值	5％的临界值	10％的临界值	p 值
A_t	−2.302 144	−3.857 386	−3.040 391	−2.660 551	0.181 7
$d(A_t)$	−12.403 49	−3.886 751	−3.052 169	−2.666 593	0.000 0

（2）Johansen 协整分析

为了确定 S_t 和 A_t 序列是否具有协整关系，我们运用 Johansen 协整分析方法对两序列进行协整分析（见表 5-4）。

表 5-4　Johansen 协整检验结果

Tab. 5-4　The result of Johansen cointegration test about the sequence of S_t and A_t

检验假设形式	迹统计量	迹统计量 5％临界值	p 值	最大特征值	最大特征值 5％临界值	p 值
不存在协整关系	35.975 13	15.494 71	0.000 0	21.072 34	14.264 60	0.003 6
最多存在一个协整关系	14.902 79	3.841 466	0.000 1	14.902 79	3.841 466	0.000 1

由协整检验结果（见表 5-4）可以看出，迹统计量和最大特征值均小于 5％临界值水平，因此拒绝原假设，即 S_t 和 A_t 序列间存在稳定的协整关系。而由标准化的协整系数表（见表 5-5）可以看出，A_t 和 S_t 序列有着较弱的正相关，S_t 每增加一个单位，A_t 仅增加 0.005 个单位，但这与工业领域中 Jaffe 和 Palmer（1997）的研究，环境规制对科技进步的弹性系数 0.15 相差甚远，与赵红（2008）的研究，环境规制强度每提高 1％，R&D 投入强度、专利授权数量以及新产品销售收入比重分别增加 0.12％、0.30％和 0.22％，也有较大的差距。这表明农业领域环境规制的效果不如工业领域明显。协整检验的结果表明，中国农业的环境规制对农业的科技创新有着一定的促进作用，这和波特假说是一致的。但是实证的检验表明，中国环境规制的效果并不明显，对科技创新的促进作用不是很强。这和我国农业生产的主体特征是相吻合的。中国的农业生产是以较分散的家庭联产承包责任制为主的生产形式，农民对科技的接纳的敏感性不强，农业科技创新主要以政府、龙头企业、合作组织的引导和带动有关。

表 5-5　标准化的协整系数表

Tab. 5-5　The Standardized coefficient table of the cointegration

变量名称	A_t	S_t
标准化系数	1.000 000	0.004 627
标准差	—	(0.014 26)

表 5-6　Granger 因果关系检验结果

Tab. 5-6　The result of Granger causality test

原假设	F 统计量	p 值
环境规制不是引起农业科技进步的原因	1.051 18	0.054 51
农业科技进步不是环境规制提高的原因	0.567 53	0.696 34

（3）Granger 因果关系检验

为了进一步分析序列 S_t 和 A_t 的相互影响关系，还需对这两序列进行 Granger 因果关系检验，检验结果见表 5-6。由检验结果可以看出，对于环境规制不是引起农业科技进步的原因的检验，由于 $p<0.05$，故拒绝原假设，因此，环境规制是促进农业科技进步的原因；而对于农业科技进步不是环境规制提高的原因的检验，由于 $p>0.05$，接受原假设，所以农业科技进步不是环境规制提高的直接原因。而以上关系在农业生产实践过程中也能得以解释：环境规制的增强，会引发农业生产者运用技术改良土壤、改善农作物品质，降低环境污染程度以及由此导致的产品损失，提高产品的产量和品质，而这正是和波特假说相吻合的。

（4）脉冲响应和方差分析

要想从数量上更精确地分析 S_t 变化对 A_t 变化的影响趋势及影响程度，这里有必要引入脉冲响应和方差分析。脉冲响应分析是从动态的角度形象地刻画和验证"波特假说"的较好的分析工具，用它可以分析内生变量对它自身及所有其他内生变量的变化的反应变化趋势。脉冲响应分析主要是用来分析一个扰动或变化对自变量产生的影响，进而形成对因变量的影响，而这一影响将又通过因变量和自变量的相互依赖关系而传递下去。[①] 由脉冲响应分析图（见图5-2）可以较清楚地看出 S_t 变化对 A_t 的冲击响应，在前3期内 S_t 变化对 A_t 的冲击响应为负值，而过了第4期以后这一冲击反应便上升为正值，A_t 的反应较 S_t 的变化有着一定的滞后期，这也真正从动态的角度验证了"波特假说"的结论，即从变量滞后反应的角度考虑，环境规制对农业科技进步具有一定的促进作用。而由方差分析则可以更精确地得出在不同时期内生变量的冲击对内生变量变化（方差）的贡献度。而由表5-7可以看出，S_t 对 A_t 冲击的滞后性，在前两期，A_t 的变化主要是由自身变化所引起的，到了第3、4期 S_t 对 A_t 变化的贡献迅速由4.7％迅速上升到19.2％和36.2％，由此造成了 S_t 影响的滞后性。由脉冲响应分析和方差分析可以看出，环境规制对农业科技进步的影响具有滞后性的特点，也就是当前的环境规制不是立刻对当期的科技进步产生促进作用，会对第2、3期以后的科技进步产生一定的促进作用，这和农业经济中生产主体对环境规制的反应是相一致的。因此，从短期看，环境规制和农业科技进步并不存在正向的变化关系甚至会是负向变化关系，但从长远角度看，环境规制有利于农业科技的进步。

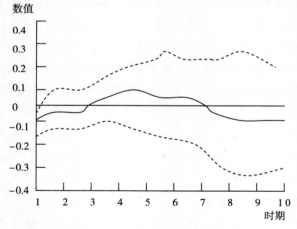

图5-2　S_t 对 A_t 的脉冲响应冲击图

Fig. 5-2　The result of response of A_t to S_t

---

① Robert S. Pindyck，Daniel L. Rubinfield，Econometric Models and Economic Forecasts［M］. The Mc Graw－Hill Companies，Inc，1998，273-274.

表 5-7　A_t 的方差分析表

Tab. 5-7　The result of A_t's variance decomposition

Period	S. E	A_t	S_t
1	0. 455 497	100. 000 0	0. 000 000
2	0. 466 746	95. 292 98	4. 707 020
3	0. 572 569	80. 751 18	19. 248 82
4	0. 580 584	80. 950 78	19. 049 22
5	0. 688 994	63. 747 53	36. 252 47
6	0. 699 340	64. 237 82	35. 762 18
7	0. 736 508	66. 528 41	33. 471 59
8	0. 753 874	67. 219 99	32. 780 01
9	0. 791 330	62. 738 59	37. 261 41
10	0. 834 255	66. 148 46	33. 851 54

5.3.4　结论和启示

"波特假说"认为，环境规制和科技进步之间有着正向变化的关系，即环境规制有利于科技进步和创新。本书以安徽省为例从农业生产领域对这一关系进行了进一步的实证研究。基于安徽省 1990—2009 年的农业数据，运用协整分析，脉冲响应分析及方差分析对环境规制和农业科技进步的长期变化关系进行了确定并对影响趋势和程度进行了定量的分析。主要分析结论：

虽然环境规制和农业科技进步的数据是非平稳数据，但通过单位根检验两变量属于一阶单整，于是运用 Johansen 协整分析得出了它们之间的协整关系，环境规制和农业科技进步之间存在正向的变化关系。

由 Granger 因果关系检验得出环境规制和农业科技进步之间的因果关系，环境规制是农业科技进步提供的促进因素之一。环境规制程度的加强会促使农业生产者改进生产技术，提高产品产量和质量以及产品的竞争力，从而有利于农业科技进步的提高

由脉冲响应分析和方差分析进一步对环境规制对农业科技进步的影响趋势及程度进行了较精确的分析，从动态上验证了波特假说在农业生产领域也是成立的。环境规制对农业科技进步的影响具有滞后性，模型则进一步说明了从短期看环境规制与农业科技进步并不具有较明显的正向促进关系，但从

脉冲动态冲击和方差分析上，两者之间的正向变化关系和滞后关系在长期表现得较明显。

环境规制的加强有利于农业的科技水平的提高，这在本书中得到了检验。这在当前农业污染程度处于上升的时期有着重要的意义。要加强农业领域环境规制程度，严格对农业废弃物的排放限制，制定较严格的农产品生产标准和质量标准，通过环境规制来促使农业生产者提高农业生产技术，提高农产品品质和市场竞争力，从而也达到改善环境的目的。

另外，由实证的分析也会看出，中国的环境规制对农业科技进步的影响程度并不是很明显，这主要是由于农业科技进步主体的多元性、目标的多重性以及过程的复杂性所导致的。中国的农业科技进步的主体是由农业科研创新主体（政府和科研机构）和农业新技术采纳主体（农户）所构成。考虑到政府社会福利目标的最大化和经济效益目标的最优化，从农业科研创新主体考虑，环境规制有利于农业科研创新。但从农业新技术采纳主体考虑，在环境约束下，农户的自身特征、市场条件以及环境政策等都会影响着对农业新技术的采纳，制约着农业的科技进步。因此，在环境规制条件下，实现农业科技进步需要提高农民的环境意识和科技意识，规范农业生产者的生产行为，加强政府的技术宣传和引导。

5.4 本章小结

本章主要是上一章理论分析的基础上，对环境规制与农业科技进步的传导机制及其效果进行实证的分析和检验。主要选取了农业生产中的过剩氮量作为环境规制强度指标，农业的全要素生产率作为农业科技进步指标，运用 VAR 模型实证地分析了两者间的传导机制和效果。运用 Johansen 协整分析得出了它们之间的协整关系，环境规制和农业科技进步之间存在正向的变化关系。Granger 因果关系检验得出环境规制和农业科技进步之间的存在因果关系，其中环境规制是农业科技进步提供的促进因素之一。由脉冲响应分析和方差分析进一步对环境规制对农业科技进步的影响趋势及程度进行了较精确的分析，从动态上验证了"波特假说"在农业生产领域也是成立的。并且环境规制对农业科技进步的影响具有滞后性，模型则进一步说明了从短期看环境规制与农业科技进步并不具有较明显的正向促进关系，但从脉冲动态冲击和方差分析上，两者之间在长期的正向变化关系和滞后关系表现得较明显。

　　环境规制对农业科技进步具有一定的促进作用，而实证的检验表明促进效果较弱，这和中国农业科技进步主体的特征，农产品的市场条件和政府的环境政策条件有关，在以后的两章中将对此做进一步的实证分析。

第六章 环境规制对农业科技进步
传导机制的影响因素分析（一）

——基于农业科研创新主体的研究

从理论和实证的分析中可以看出，环境规制是能够促进农业科技进步的，但促进效果较弱。这主要是由于农业科技进步主体的多元性和农业科技进步过程的复杂性所导致的。农业科技进步的主体是由农业科研创新主体（政府）和农业新技术采纳主体（农户）两部分所构成，两者间存在利益取向的不同，农业科技创新本身的风险性和公共产品性质以及创新过程的复杂性，加之农户的自身特质、市场条件以及政策环境，这些使得环境规制对农业科技进步的传导机制受到了一定程度的扭曲。本章仍然以安徽省农业生产为例从农业科研创新主体角度（政府）分析环境规制对农业科研创新的影响，实证分析结果得出环境规制对农业科研创新的传导效果较为明显，是有利于农业科技进步的。

6.1 安徽省农业科研的状况

6.1.1 农业科研的总量变化情况

在这里仅仅从科研投资的规模和结构角度对安徽省农业科研状况及其效率进行分析。这里选择运用农业科研投入的总量和相对量两个方面来分析，总量是农业科研投资的绝对量，相对量是科研投资总量相对于农业生产总值的相对规模。

安徽省农业科研经费收入和支出呈现稳步增长的趋势（见图6-1）。在1990—2009年，科研经费出现了两次波动即1997—1998年和2006—2007年，科研经费略有下降，这主要和当时的宏观经济形势有关，1998 年宏观经济出现了通货紧缩的局面，经济下滑。2007 年受到全球金融危机的影响，国内经济也受到波动。其余年份，科研经费的收入支出均呈现稳步增长的良好趋势，年均增长速度近 111%，而由图 6-2 还可以看出 2007—2009 年间，农业科研经费收入和支出均以较快的速度增加，这和当前国家的支农政策的加强是密切相关的。2004—2011 年，中央多个 1 号文件关注农村和农业发展。2007—2010 年国家现代农业示范项目建立了国家投资支持现代农业的发展。国家政策的积极扶持，是近几年农业科研经费增长的重要原因。从安徽省农业科研经费收入和支出状况看，收入和支出基本处于均衡的局面，农业科研经费能基本满足科研支出的需要。

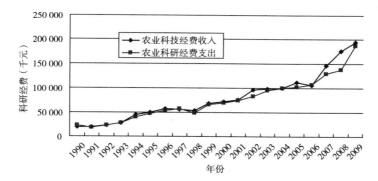

图 6-1　1990—2009 年安徽省农业科研经费收入和支出趋势图

Fig. 6-1　Income and Expenditure of Agriculture Scientific Research

Funds in Anhui Province from 1990 to 2009

数据来源：历年《安徽统计年鉴》。

表 6-1　1990—2009 年安徽省农业科研投入状况

Tab. 6-1 The Status of the Investment of Agricultural Scientific

Research in Anhui Province from 1990 to 2009

年份	农业科研投入 （千元）	边际投入 （千元）	边际投入率 （%）	其中政府投入 （千元）	政府投入所占比例 （%）
1990	19 960			15 000	75.2
1991	19 577	−383	−1.9	14 024	71.6
1992	23 580	4 003	20.4	15 260	64.7

（续表）

年份	农业科研投入（千元）	边际投入（千元）	边际投入率（%）	其中政府投入（千元）	政府投入所占比例（%）
1993	28 380	4 800	20.3	17 391	61.3
1994	44 504	16 124	56.8	19 856	44.6
1995	49 223	4 719	10.6	27 695	56.3
1996	56 480	7 257	14.7	26 890	47.6
1997	56 322	−158	−0.2	28 830	51.2
1998	53 314	−3 008	−5.3	37 252	70.0
1999	68 566	15 252	28.6	43 745	63.8
2000	72 139	3 573	5.2	49 989	69.3
2001	75 713	3 574	5.0	56 233	74.3
2002	96 288	20 575	27.1	73 993	76.8
2003	98 040	1 752	1.8	75 054	76.6
2004	100 106	2 066	2.1	86 103	86.0
2005	111 470	11 364	11.4	101 859	91.4
2006	105 946	−5 524	−5.0	94 735	89.4
2007	146 720	40 774	38.5	132 250	90.1
2008	175 530	28 810	19.6	155 105	88.3
2009	194 169	18 639	10.6	176 699	91.0

数据来源：历年《安徽统计年鉴》，经整理计算。

由表 6-1 可以看出，从农业科研的边际投入来看，安徽省农业科研的边际投入基本保持较快的速度发展，除了 1991、1997、1998、2006 几个年份边际投入为负外，其余年份均为正，增长最多的年份是 2007 年，年增长 4 077 万元。从农业科研投入的边际投入率来看，安徽省农业科研投入呈现不规则的增长趋势，在增长率为正的年份，2003 年的增长率是 1.8%，而 2007 年则达到 38.5%，是增长率最高的年份。

从农业科研投入的结构来看，政府投入仍然承担着农业科研投入的主要角色。从 1990 年以来，政府投入占农业科研经费收入的比例基本都在 50%以上，特别是 2004 年来，这一比例已经上升到 80%以上。由于农业的弱质性以及农业科研的风险性及公共产品性质，农业科研投入主要靠政府来完成。由表 6-1 可以看出政府对科研经费的投入比例一直在波动中上升，由 1990 年的 75.2% 上升到 2009 年的 91.0%，绝对量的增幅近 12 倍。这和我国当前的农业政策有关，20 世纪 90 年代我国的农业政策依然沿袭以牺牲农业为代价发展工业的产业政策，农业科研的投入相对薄弱。2000 年以来，农业的基础性地位得到重视，随着多项农业扶持政策的出台，政府对农业科研投入比例显著上升。

6.1.2　农业科研的相对量变化情况

农业科研投入相对量是反映单位产量内投入经费数量的指标。这里选用农业投入总额除以农业生产总值衡量，它说明了单位农业生产总值农业科研投资的数量，是农业科研投资与农业经济增长之间的相对关系。由图 6-2 可以看出，安徽省农业科研投入强度基本维持在 0.04% ~ 0.08% 之间，呈现波动中增长的局面。特别在 2007 年以来，这一投入强度呈持续增长的局面，这反映当前安徽省的投资效率得到改善，对农业科研投入重视程度不断得以加强。

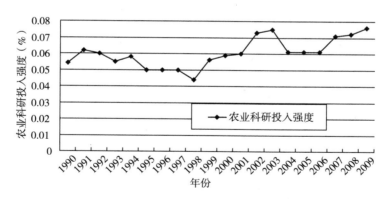

图 6-2　1990—2009 年安徽省农业科研投入强度趋势图

Fig. 6-2　Strength of the Investment of Agricultural Scientific Research in Anhui Province from 1990 to 2009

但值得一关注的是，安徽省的农业科研投入强度仍然处于相对低的水平，低于我国农业科研投入的平均水平。相对于世界其他国家而言，这一比例显得更加相形见绌。绝大多数发达国家的农业研发经费强度都在 2% 以上，以色列和瑞典甚至超过 4%。世界上发达国家农业科研经费占农业总产值的比重平均为 2.23%，进入 20 世纪 90 年代这一比重提高到 2.37%，发展中国家的平均水平也达到了 1.04%。因而，和发达地区和先进国家相比，安徽省的农业科研投入仍需要不断加强。[①]

6.2 环境规制对农业科研创新的传导机制的实证分析

6.2.1 问题的提出

农业科技进步是由农业科研创新主体和农业新科技采纳主体两部分构成，两者的行为目标和利益关系存在一定程度的差异性。因而在分析环境规制对农业科技进步的传导机制中，先要分析环境规制对于农业科研创新主体（政府）的影响，在此基础上再分析环境规制对于农业新科技采纳主体（农户）的影响。本节先对前一关系进行实证的分析，对后一关系的分析将在下一章重点阐述。

环境规制对科研创新的关系，国内外学者进行了较为广泛的研究。观点存在两种：一种观点认为环境规制阻碍科技的创新，环境规制会增加生产者治理环境的成本，从而挤占用于科技研发的支出而不利于科技创新；另外一种观点认为环境规制会促进科技创新，主要表现在环境规制虽然会增加环境治理成本，但生产者会通过技术创新来降低生产成本并促使利润增加。"波特假说"运用创新补偿理论对后一种观点进行了解释。许多学者还从实证的角度验证了两者的关系。Carmen. E 和 Robert Innes（2006）在对企业污染排放量和环保型技术专利之间的关系分析时，使用了美国 1989—2002 年 127 个制造业生产数据，得出环境规制能够刺激企业进行技术创新。赵红（2007）在对环境规制对技术创新的影响机制分析时，运用了中国标准产业中 18 个两位数产业的 1996—2004 年的面板数据，分析得出环境规制对研发支出和专利申请数量有明显的正相关，即环境规制强度每提高 1%，研发支出增加 19%，专利数量增加 30%。

[①] 王启现，李志强，刘自杰．我国农业科技进步与科研投资分析［J］．科学管理研究，2007（8）：113－116.

农业领域的科技创新与工业领域存在明显的不同，工业领域的科技创新是以市场机制为主导的，以企业科技创新为主要形式的创新机制。企业能够以市场信息和政府政策为导向，主动地进行技术创新，提高产品质量，改善环境，提升其竞争力。但在农业领域，由于农业科技进步主体的多元性，农业科技创新的风险性和公共产品性质，生产者不愿主动从事技术创新，因而农业领域的科技创新多是以政府投入为主导的创新机制。政府的经济行为应当以整个社会的经济利益最优化和社会福利的最大化为目标，而在环境约束条件下，政府能否积极地采取措施，加大科研经费投入，积极地推进农业科技创新，改善生态环境，提高整个社会的福利水平呢？为此，本节主要根据"波特假说"，对环境规制和政府的科研创新的关系进行实证分析，以此来验证环境规制对农业科研创新的传导机制。

6.2.2　研究假说

本研究认为，在环境规制条件下，政府（科研机构）会主动地进行农业科技创新，积极地改善生态环境，并促使整个社会福利的最大化。

考虑到在农业领域，农业科研创新的主体是政府以及与政府机构具有紧密联系的科研机构，因此，需将政府及科研部门作为一个整体看成是农业科研创新的主体，政府经济行为的目的一方面是社会福利的最大化，需要通过环境规制来改善产品质量、环境质量，重视农产品质量安全问题，提高人们的生活品质以实现整个社会福利的最大化；另一方面，政府的经济目标也是整个社会经济效益的最优化。特别是在国际贸易中，绿色贸易壁垒会对一国农副产品的出口产生影响。绿色贸易壁垒的提高，会使得出口总量大幅下滑，市场份额减少；会增加一国的农产品出口成本，削减其产品竞争力；而成本增加，出口数量下降也会影响农产品企业的生产效益并最终导致农民收入的下降。农产品质量安全问题也是政府出于社会福利最大化目标考虑必须面对的问题，对食品安全制定较高的标准也会促使政府必须主动地进行农业科研创新。而农业科研创新的风险较大，周期较长，具有公共产品的性质，政府是其较适合的提供者。因而在环境规制面前，政府为了保护本国的农产品的竞争力，保护农民利益，保障农产品质量安全，必须主动地进行农业科研创新，提高产品质量和竞争力，实现社会福利的最大化和社会经济效益的最优化。

6.2.3 模型的选择和变量的设定

本研究选择一个带有滞后变量的多元回归模型来考察环境规制对农业科研创新的影响。农业技术创新是被解释变量，由于安徽省农业科技成果和专利数据的缺少，这里主要选择安徽省农业科研经费支出作为农业科技创新的衡量指标。环境规制强度是解释变量，农业生产总值和教育经费投入作为控制变量，分别代表产业规模和科技要素投入质量。基本计量模型是：

$$\text{techinno}_t = c + \beta_1 A_t + \beta_2 \text{agripr}_t + \beta_3 \text{edu}_t + \varepsilon_t$$

在模型里，各变量的界定和数据来源如下：

农业技术创新（techinno）是被解释变量，这里用安徽省农业科研经费的支出作为衡量指标。农业科研支出越多，农业技术创新强度也就越大。农业科研经费支出数据来自历年《安徽统计年鉴》。

环境规制强度指标（A_t）是解释变量仍然使用过剩氮量，其计算依据见第五章。

农业生产规模指标这里选用安徽省农业生产总值（agripr），数据来源于各年度的安徽省农业生产总值，见历年《安徽统计年鉴》。

科技要素质量指标（edu）选用安徽省教育经费投入指标，数据来源于历年《安徽统计年鉴》。各指标数据见表6-2。

表6-2 模型中的各变量指标数据

Tab. 6-2 Data of the Variable in Model

年份	科研支出（千元）	农业总产值（万元）	教育经费（千元）	环境规制强度
1990	23 270	3 709 359	1 668 710	66.34
1991	18 226	3 172 643	1 839 750	71.18
1992	23 145	3 900 425	2 171 620	71.57
1993	27 876	5 191 159	2 349 410	78.42
1994	39 769	7 744 269	3 138 250	98.13
1995	47 688	9 802 574	4 167 102	104.1
1996	53 230	11 245 106	4 523 625	123.7
1997	56 488	12 265 376	5 990 177	88.44

年份	科研支出（千元）	农业总产值（万元）	教育经费（千元）	环境规制强度
1998	49 050	12 022 702	6 220 854	97.6
1999	65 175	12 343 188	6 987 610	100.2
2000	69 557	12 199 576	9 658 510	127.2
2001	73 939	12 580 590	12 977 063	123.4
2002	82 705	13 055 630	15 825 120	119.9
2003	94 097	13 053 603	17 614 180	132.1
2004	99 722	16 444 246	21 339 685	107.8
2005	102 231	16 661 915	24 180 176	95.29
2006	107 105	17 427 221	25 826 326	96.84
2007	130 193	20 700 913	36 712 074	82.92
2008	137 752	24 465 113	45 940 085	82.96
2009	186 512	25 694 570	51 360 721	66.34

注：相关变量数据值见历年《安徽统计年鉴》，环境规制强度指标数值见第五章计算结果。

各变量的描述性统计见表 6-3。

表 6-3　各变量的描述性统计

Tab. 6-3　The Descriptive Statistics of Variables

变　　量	最大值	最小值	均值	标准差
农业技术创新（techinno）	177 752	18 226	68 485	36 054
环境规制强度（A_t）	132.1	66.34	98.3	20.1
农业生产总值（agripr）	24 465 113	3 172 643	4 129 386	5 710 345
教育经费投入（edu）	45 940 085	1 668 710	10 068 715	12 711 711

6.2.4　计量模型的实证结果

考虑到环境规制条件下农业科技进步的滞后性，根据"波特假说"，计量分析模型必须要从动态角度考虑环境规制对于农业科研创新的影响。因而需要分别分析环境规制对于农业科研创新的即期和滞后 1、2、3 期的影响。这里使用

eviews5.0 软件对模型进行估计，估计结果见表 6-4、表 6-5、表 6-6、表 6-7。

表 6-4　环境规制对农业科研创新影响模型的实证结果（即期）

Tab. 6-4　Empirical Results of Model on Environmental Regulation influencing

Agricultural Scientific Research Innovation（currently）

被解释变量　　　解释变量	农业技术创新（techinno）			
	估计值	标准差	t 统计量	显著性
常数（c）	−10 507.59	6 303.028	−1.667 070	0.116 2
环境规制强度（A_t）	304.750 2	78.283 75	3.892 892	0.001 4
农业生产总值（agripr）	0.002 111	0.000 694	3.040 764	0.008 3
教育经费投入（edu）	0.001 807	0.000 299	6.042 588	0.000 0
R_2	0.981 958			
F 值	272.124 9			
DW	1.94			

表 6-5　环境规制对农业科研创新影响模型的实证结果（滞后 1 期）

Tab. 6-5　Empirical Results of Model on Environmental Regulation influencing

Agricultural Scientific Research Innovation（lag 1）

被解释变量　　　解释变量	农业技术创新（techinno）			
	估计值	标准差	t 统计量	显著性
常数（c）	−8 728.521	6 670.851	−1.308 457	0.211 8
环境规制强度（A_t）	312.202 6	83.490 87	3.739 362	0.002 2
农业生产总值（agripr）	0.001 986	0.000 774	2.566 466	0.022 4
教育经费投入（edu）	0.001 747	0.000 309	5.648 180	0.000 1
R_2	0.980 034			
F 值	229.062 5			
DW	1.799 620			

表 6-6　环境规制对农业科研创新影响模型的实证结果（滞后 2 期）

Tab. 6-6　Empirical Results of Model on Environmental Regulation influencing

Agricultural Scientific Research Innovation（lag 2）

被解释变量 解释变量	农业技术创新（techinno）			
	估计值	标准差	t 统计量	显著性
常数（c）	1 067.228	9 350.439	0.114 137	0.910 9
环境规制强度（A_t）	212.249 8	104.260 5	2.035 763	0.062 7
农业生产总值（agripr）	0.002 243	0.001 065	2.106 179	0.055 2
教育经费投入（edu）	0.001 564	0.000 396	3.955 127	0.001 6
R_2	0.966 146			
F 值	123.665 5			
DW	1.766 067			

表 6-7　环境规制对农业科研创新影响模型的实证结果（滞后 3 期）

Tab. 6-7　Empirical Results of Model on Environmental Regulation influencing

Agricultural Scientific Research Innovation（lag 3）

被解释变量 解释变量	农业技术创新（techinno）			
	估计值	标准差	t 统计量	显著性
常数（c）	11 512.32	7 275.610	1.582 317	0.137 6
环境规制强度（A_t）	325.329 3	78.305 88	4.154 596	0.001 1
教育经费投入（edu）	0.002 177	0.000 130	16.782 26	0.000 0
R_2	0.973 123			
F 值	235.339 0			
DW	1.422 117			

由模型的实证分析结果可以看出，环境规制有利于农业的科研创新，检验效果较为明显。具体表现如下。

（1）从环境规制对于农业科研创新影响的即期效应来看，环境规制对农业科研创新具有较强的促进作用，而这与上一章所分析的环境规制对于农业科技进步影响的即期负面效应是相反的，这更能够说明农业科技进步的多主体性和复杂性。作为农业科研创新政府而言，既是环境政策的制定者，也是农业科研创新的主体，既要考虑食品安全、环境质量，还要考虑贸易壁垒，经济效益和提高农民收入，因而相对于农户而言，其科技创新在一定程度上具有一定的主动性。而农户对于农业新技术采纳受到多重因素的影响，具有一定的被动性。综合这两方面效应，因而从总体上看，并就即期效应而言，环境规制是不利于农业科技进步的。

（2）从动态效应而言，环境规制是有利于农业科研创新的。为了从动态角度考察环境规制对农业科研创新的影响，这里选择了环境规制强度变量的滞后 1、2、3 期进行分析。其中，从滞后 1 期看，环境规制对下一期的农业科研创新具有较明显的促进作用。而且模型的拟合度较好，各解释变量系数的显著性较高。而对滞后 2 期的影响，在 5% 的显著性水平上，环境规制变量系数是不明显的。对于滞后 3 期而言，在剔除了农业生产总值后，环境规制对其滞后 3 期的农业科研创新是具有较明显的促进作用。模型的拟合度较高，系数的显著性也较明显。这也在一定程度上说明在环境规制下，政府的农业科技创新行为也具有一定的被动性，特别是对于农产品质量标准和绿色贸易壁垒而言，政府的环境创新行为总是被动于国际环境标准的。当环境标准提高一个档次，政府才会被动地进行科技创新降低污染，改善环境，提高产品质量，这会导致环境规制效应的滞后影响。

（3）从控制变量来看，农业生产规模和要素投入质量对于农业科研创新业具有一定的促进作用，但不管从环境规制的即期和滞后模型来看，促进作用都不是很明显，例如从即期模型看，农业生产总值的促进效果只有 0.21%，而教育经费投入的促进效果只有 0.18%。

6.2.5　研究结论

由模型的模拟结果可以得出，不管从即期效应还是从滞后效应而言，环境规制都是有利于政府的农业科技创新的，这一点也说明了作为环境政策制定者的政府，在环境规制面前会主动地进行农业科技创新。因而，实证分析说明从农业科研创新主体角度看，环境规制对农业科技进步的促进作用明显，效果较好。

在环境污染面前，政府应当积极地制定相应的环境政策，并能够主动地进行农业技术的创新，加大对农业科研创新的投入力度，并从研究方向上对科研机构和相关科研企业予以引导。对于国际贸易壁垒和国内农产品质量安全问题，政府更需积极地进行相关农业技术创新，提高本国产品质量和国际竞争力，增加本国的生产企业的经济效益，并能以此提高农民收入。

6.3 本章小结

环境规制对农业科技进步传导效果较弱的原因是由于农业科技进步的主体的多元性和农业科技进步的复杂性所致。农业科技进步的主体包括农业科研创新主体和农业新技术采纳主体两部分所构成。而农业科研创新主体是由政府、农业科研机构和相关科技企业所构成，他们是农业科技创新的引导者、组织者以及创新产品的供给者。农业新科技采纳主体主要包括农村合作经济组织、农户和农业生产性企业，是农业新技术的推广者和使用者。多元化的农业科技进步主体使得创新机制难以统一、协调，这势必会影响农业科技进步的效果。

而农业科技进步本身的复杂性、风险性和公共产品性质决定了在农业科技进步中，以政府为主导的农业科研创新主体必须在农业科技进步中占主导地位。在环境规制面前，政府必须积极地采取措施，引导科研部门进行科研创新以推动农业科技进步。在实证分析中，本章建立了一个滞后变量的多元回归模型，从动态的角度对这一假说进行了验证。实证分析发现，从即期效应来看，环境规制对农业科研创新具有较强的促进作用。而从滞后 1、3 期看，环境规制对下一期的农业科研创新具有较明显的促进作用。因而，模型的模拟结果可以得出，不管从即期效应还是从滞后效应而言，环境规制都是有利于政府的农业科技创新的，这一点也说明了作为环境政策制定者的政府，在环境规制面前能主动地进行农业科技创新。

第七章　环境规制对农业科技进步
传导机制的影响因素分析（二）

——基于农业新技术采纳主体的研究

从农业科研创新主体看，环境规制是有利于农业科技进步的。但从农业新科技采纳主体也就是农户视角看，农户的自身特征、市场条件以及政府的环境政策条件将会影响农户对农业环境新技术的采纳意愿，从而影响着农户对环境新技术的采纳，影响着农业的科技进步。在对安徽省 336 个农户调查数据的基础上，运用了二元 Logistic 回归模型对影响农户环境新技术采纳意愿的因素进行了分析。结果显示：农户的社会网络关系和农户采纳环境新技术的难易程度与农户对环境新技术采纳意愿呈反向变化关系，而农户的环境意识、销售渠道、政府补贴和宣传与环境新技术采纳意愿呈正向变化关系。因此，在环境约束条件下，促进农业科技进步必须采取措施增强农户的环境意识，加强政府补贴和新技术宣传力度，大力扶持农业合作经济组织，提升农户对环境新技术采纳的意愿。

7.1　研究的问题与目标

环境规制能够促进农业科技进步，但是由实证的分析可以看出，中国环境规制对农业科技进步的促进效果不明显。其主要原因在于中国农业科技进步主体包括农业科研创新主体和新技术采纳主体即农户，而由以上实证的分析已经得出环境规制对于农业科研创新主体的促进效果较为明显。但农业科技进步中的农业科研创新和农业新技术的采纳也存在主体的不同，目标的不同，因而导致农业科技进步进程的缓慢，并由此影响着环境规制的传导效果，因此要真正弄清楚环境规制对农业科技进步的促进作用有必要从微观主体的视角出发，分析环境规制对农业新科技采纳主体——农户的影响，也即分析在环境约束下农户对环境新技术采纳意愿的影响因素，以此来说明环境规制对农业科技进步的促进效果。

本章主要在调查问卷的基础上，试图通过分析达到以下目标。

（1）调查分析环境约束条件下农户选择环境新技术的途径及影响因素，主要分析农户特征、市场条件以及激励型环境政策等对农户采纳环境新技术的影响。

（2）根据调查数据实证分析在环境约束下农户选择环境新技术的的决定因素，并在此基础上分析环境规制对于农业科技进步影响因素及其机理。

（3）根据分析结果提出在环境规制条件下促进农业科技进步的具体政策建议。

7.2　理论分析和研究假说

7.2.1　理论分析

在环境约束条件下，农户的新技术选择行为受到自身特征、利益驱动、市场条件及政策环境等各方面的影响，是一项生产性投资行为和技术选择活动。对农户对新技术的选择研究，最早可以追溯到 20 世纪 50 年代格里利切斯对杂交玉米的研究成本和收益的研究。在此之后国内外学者从农户自身特征、市场条件和政策环境等方面对农户的新技术选择行为进行了较为广泛的研究。

（1）农户自身特征

农户特征主要包括农户的年龄、性别、受教育程度以及就业、培训状况等个人特征和家庭劳动力人口、种植面积、收入水平及结构等家庭特征。农户的特征对新技术的采纳有着很大的影响，Feder（1968）等认为农户受教育水平程度的高低有助于其采用新技术。Ervin（1982）在研究水土保持新技术时也发现，受教育程度越高越易于采纳新技术。[①] 但宋军等（1998）则认为，

---

① 　杨丽. 农户技术选择行为研究综述 [J]. 生产力研究，2010（02）：245 - 247.

教育水平不一定与新技术的采纳程度呈正相关关系，教育水平提高，农户选择高产技术的比例却随着不断下降，而对劳动节约型技术的选择比例则相反。同时还发现，户主性别状况对于新技术的选择意愿也产生较大影响，男性愿意选择新品种技术，而女性则喜欢选择劳动节约型技术。农户的经营规模、风险意识也是影响新技术采纳的重要因素。[①] 庞金波（2005）研究发现农业经营的比较利益低、农业的小规模经营方式导致农业生产的规模不经济和风险影响着农户对农业新技术的采用。

（2）市场条件

市场条件既包括农户所在地的市场环境即交通、通信条件以及农业生产生态环境，也包括产品的销售渠道，社会化服务的状况，例如是否有专业化合作经济组织、行业协会以及各类中介组织，农户是否参加农业龙头企业等。朱希刚等（1995）研究发现，乡集镇与农户的距离和农户对新技术的采纳意愿呈现较大的负相关。[②] Abdulai，Awudu 和 Huffman，Wallace E（2005）在研究坦桑尼亚农场的母牛杂交新技术的扩散和采纳状况时，运用了一个风险和期望函数分析发现：农场离母牛使用者的远近，贷款的难易程度、农户与外部代理商签约的难易程度等都不同程度地影响着对杂交新技术的使用。[③]

（3）政策环境

政策环境主要包括各项经济政策政策的扶持，例如政府补贴、新技术的宣传及培训、技术投资资金的支持等等。朱希刚（1995）在对鄂西贫困山区的 289 个农户的技术采纳行为进行了研究发现，政府对采纳新技术的农户的支持力度和农户对新技术的接纳意愿呈正相关关系。曹光乔、张宗毅（2008）对保护性耕种技术的采纳因素研究发现，政府强制或补贴措施和新技术的采纳有着正向的影响关系。[④]

---

① 宋军，胡瑞法等．农民的农业技术选择行为分析［J］．农业技术经济，1998（6）：36－39.

② 朱希刚，赵绪福．贫困山区农业技术采用的决定因素分析［J］．农业技术经济，1995（3）：18－21.

③ Awudu Abdulai，Wallace E. Huffman. The Diffusion of New Agricultural Technologies：The Case of Crossbred－Cow Technology in Tanzania［J］. American Journal of Agricultural Economics，2005（08）：645－659.

④ 曹光乔，张宗毅．农户采纳保护性耕作技术影响因素研究［J］．农业经济问题，2008（8）.

7.2.2　研究假说

为了验证环境约束下农户对环境新技术选择的影响因素，在本研究的调查问卷设计中，根据既有的研究成果和实际调查的情况，设计了相应的研究变量并提出了相应的假说。

（1）农户特征

这里研究的农户特征包括户主个人特征和家庭特征两个方面。个人特征主要是户主年龄、性别、健康状况、教育程度以及对环境质量的关注程度。这里假定户主年龄对于农户采用环境新技术不具有正向的促进作用，年龄大的较为保守，倾向于传统技术的使用，不易接受新生事物；而年龄小的户主相对具有投资意识，敢于承担风险，有利于接受新技术。性别影响对新技术的采纳则是不确定的。户主的健康状况与新技术的采纳是呈正相关的，而户主的受教育程度和环境新技术的采纳是成正相关关系。户主的受教育程度越高，掌握新技术的能力也就越强，也就越容易接受新技术。环境质量的关注程度是与环境新技术采纳意愿成正向关系的。

家庭特征主要涉及家庭劳动力人数、非农收入所占比例、家庭电话数量、耕地面积等。家庭劳动力人数量的增加，会导致就业压力的增大，往往会促使农户通过技术革新，提高农产品的产量和质量，以此来提高收益。耕地面积扩大，会促使生产者实现规模效应，从而有利于农户采纳环境新技术。家庭电话数量是农户与外界信息交流和社会网络关系的一个重要替代变量，电话数量与农户信息获取是成正比的，而农户信息的获取数量多又会引起农户的劳动力的农外转移，从而不利于环境新技术的采纳。非农收入比例的增加也不利于农户从事农业生产，而影响农业新技术的采纳。因此这里假定：家庭劳动力人数和耕地面积和环境新技术采纳意愿成正比，而家庭电话数量和非农收入所占比例和环境新技术采纳意愿是成反方向变化关系。

（2）市场条件

这里主要考虑市场需求拉动的诱导机制对农户采纳环境新技术的影响。假定市场条件包括产品销售渠道的有无，农户对绿色农产品的价格预期。农户销售渠道有无涉及农户是否参与龙头企业，是否存在中介组织和合作经济组织等。这里假定绿色农产品的价格预期和环境新技术的采纳意愿程度成正比，这主要是由于新产品生产能够改善生产环境，提高生活质量，因而会使产品质量和价格有着显著的提高，能够激发农户采纳环境新技术的意愿。而产品销售渠道的有无直接影响到产品的市场竞争力和农户的经济效益，因此销售渠道的存在会直接刺激农户积极地寻找环境新技术，提高产品产量和质量来获取利润。

（3）激励型环境规制政策

这里主要考虑政策推动的诱导机制对农户采纳环境新技术的影响。激励型环境规制政策主要包括环境税、政府补贴以及生态补偿机制等。在当前农村运用较为普遍的是政府补贴，例如良种补贴、农家肥利用补贴、秸秆利用技术补贴、沼气技术补贴等，而在这里政府对环境技术的金融支持也被看作激励型环境政策的补充，此为像政府和科研机构对环境技术的宣传等道义上的劝告也被作为激励型环境政策的一个补充。因此，本研究的激励型环境政策主要指政府补贴的有无、贷款的难易程度以及技术宣传和技术培训渠道等。环境税在农村没有开征因而没有作为研究变量予以考虑。激励型环境规制政策能够诱导农户进行环境技术的选择，政府的政策扶持对农户环境新技术的采纳有着引导和激励作用，有利于农户环境新技术的采纳行为。而农户对新技术缺乏了解和缺少必要的专业技术知识，需要政府通过相关途径加以宣传告知，并能组织农户进行环境技术的培训，这些将有利于农户对环境新技术的积极使用。此外，资金的缺乏也是农户采纳环境新技术的一个障碍，廓清农户贷款障碍，为农户建立畅通的贷款渠道，将有助于农户对环境新技术的采纳。因此这里假设激励型环境政策如政府补贴、政策宣传和培训以及贷款的获得等能够促进农户环境新技术的采纳。

7.3 数据来源和样本概况

7.3.1 数据来源

本章的研究数据主要来源于 2011 年 7—10 月份对安徽省农村农户在环境约束条件下对农业新技术采纳状况的调查。调查是在近年来安徽省的农业环境污染日益严重的条件下进行的，农业化肥、农药的过量使用，农业秸秆的焚烧以及畜禽粪便的排放造成了农村生态环境的严重影响，致使农产品产量和品质的下降，对人们身体健康和生活质量产生了不利的影响。而农户是农业生产的直接执行者，农户的生产行为和生产方式是导致农业污染的直接原因。因此，对农户基本情况、环境行为及其所处的市场环境和政策环境进行调查，有助于了解环境约束条件下农户对农业新技术的采纳意愿及其影响因素，能够帮助我们理解环境规制对农业科技进步的影响效果及形成原因。

本次调查数据主要涉及三个方面内容：（1）农户及其基本状况的调查，主要涉及农户的性别、健康状况、受教育程度，非农收入等相关情况；（2）农业废弃物的处理情况的调查，主要涉及种植业的种类，秸秆处理状况，畜禽养殖状况及粪便处理状况，化肥使用状况等；（3）环境约束条件下农户采纳新技术的意愿情况，主要包括农户对环境问题重要性的认识情况、对采纳环境新技术的态度和预期，以及相关销售渠道、产品价格等市场条件和贷款难易、政府补贴技术培训等环境规制政策。

本次调查共发放问卷 410 份，实际收回问卷 338 份，有效问卷 336 份。调查主要是采取随机抽样和便利抽样相结合的方式，由调查者根据随机抽样原则或自身便利条件抽取农户样本进行调查。调查主要由调查员和农户进行面对面的询问方式展开的，调查范围涉及安徽省 16 个地市的农村地区，包括养殖业相对集中的淮北地区，种植业相对发达的江淮平原区以及江南丘陵和大别山地区。

7.3.2 样本的基本特征

本次调查收集的有效问卷 336 份，主要来自安徽省 16 个地市的农村地区。

（1）被调查户户主的基本特征

从户主的性别来看，这次调查的户主均为男性，这主要和安徽省农村的习惯有关即家庭户主通常都为男性，因此，关于性别对农户采纳环境新技术的影响在这次研究中难以得出，所以本研究没有将性别作为一个研究变量。从户主样本的年龄结构看，30 岁以下（不包括 30 岁）的 10 人，占总样本数的 2.9%；60 岁以上（包括 60 岁）的 26 人，占总样本数的 6.8%；样本农户主要集中在 30~60 岁，占总样本数的 90.3%，平均年龄 46.3 岁，标准差为8.2 岁。因此，从年龄角度看，所选择样本具有一定代表性。从受教育程度看，接受过初中教育的约占总样本数的 48.5%，接受过高等教育的 7 人，均为专科学历，没有接受教育的即文盲 8 人，平均受教育年限为 6.8 年，标准差为 2.7 年。从是否接受过涉农技术培训看，150 人接受过当地政府或相关机构组织的技术培训，占总样本数的 44.6%。

（2）被调查户的基本特征

从被调查的劳动力状况来看，农户家庭劳动力人数多在 2～4 人，占样本总数的 82.7%，而且以 2 人为最多，家庭劳动力最少为 1 人，最多为 6 人，平均家庭拥有劳动力数量 2.2 人，标准差 0.9 人。从家庭拥有通信工具（包括固定电话和手机）数量看，拥有 3～4 部通信工具的较多，占总样本数的 56.5%，没有任何通信工具的 3 户，极少数家庭通信工具数量在 10 以上，平均每户拥有通信工具数量为 3.3 部，标准差为 1.4 部。

从家庭拥有耕地面积数量来看（其中自有耕地转让给他人耕种记为 0 亩，耕种他人土地和自家拥有耕地合并计算），耕地数量为 0 亩的 12 户，占总样本数的 3.5%；15 亩以上（包括 15 亩）的 31 户，占总样本数的 9.2%，家庭平均耕地面积 7.0 亩，标准差 6.2 亩。

从家庭收入结构看，家庭收入完全来源于农业生产的有 26 户，占总样本数的 7.7%；家庭收入完全来自非农收入的有 19 户，占总样本数的 5.6%。从调查数据看，非农收入比例超过 0.5（包括 0.5）的有 250 户，占总样本数的 74.4%，可见，非农兼业成为当前农村就业的主流。从调查情况来看，非农收入的来源主要是外出打工或经商，非农兼业收入已经成为农民收入的一个重要来源。

7.4 模型的选择和解释变量说明

7.4.1 二元选择模型

二元选择模型主要适用于被解释变量取值只有两种的情形，其目的是研究具有给定特征的个体做某种而不做另一种选择的概率，是研究定性变量与其影响因素间的关系的有效工具之一。[①] 具体模型：

假设有一个未被观察到的潜在变量 y_i^*，它与 x_i 之间具有线性关系，即

$$y_i^* = x_i'\beta + u_i^*$$

其中，u_i^* 是扰动项。y_i 与 y_i^* 的关系：

---

① 高铁梅.计量经济分析方法与建模 [M].北京：清华大学出版社，2009：217－222.

$$y_i = \begin{cases} 1, & y_i^* > 0 \\ 0, & y_i^* \leqslant 0 \end{cases}$$

即 y_i^* 大于临界值 0 时，$y_i^* = 1$；小于等于 0 时，$y_i^* = 0$。这里把临界值选为 0，但事实上只要 x_i 包含常数项，临界值的选择就是无关的，所以不妨设为 0。这样

$$P(y_i = 1 \mid x_i, \beta) = P(y_i^* > 0) = P(u_i^* > -x_i'\beta) = 1 - F(-x_i'\beta)$$

$$P(y_i = 0 \mid x_i, \beta) = P(y_i^* \leqslant 0) = P(u_i^* \leqslant -x_i'\beta) = F(-x_i'\beta)$$

其中，F 是 u_i^* 的分布函数，要求它是一个连续函数，并且是单调递增的。因此，原始的回归模型可以看成如下的一个回归模型：

$$y_i = 1 - F(-x_i'\beta) + u_i$$

即 y_i 关于它的条件均值的一个回归。

二元选择模型一般采用极大似然估计。似然函数：

$$L = \prod_{y_i=0} [1 - F(x_i'\beta)] \prod_{y_i=1} F(x_i'\beta)$$

即

$$L = \prod_{i=1}^N [F(x_i'\beta)]^{y_i} [1 - F(x_i'\beta)]^{1-y_i}$$

对数似然函数：

$$\ln L = \sum_{i=1}^N \{y_i \ln F(x_i'\beta) + (1 - y_i) \ln[1 - F(x_i'\beta)]\}$$

对数似然函数的一阶条件：

$$\frac{\partial \ln L}{\partial \beta} = \sum_{i=1}^N \left[\frac{y_i f_i}{F_i} + (1 - y_i) \frac{-f_i}{1 - F_i} \right] x_i' = 0$$

其中，f_i 表示概论密度函数。那么如果已知分布函数和密度函数的表达式及样本值，求解该方程组，就可以得到参数的极大似然估计量。如果上式是非线性的，需用迭代法进行求解。

二元选择模型中估计的系数不能被解释成对因变量的边际影响，只能从符号上判断。如果为正，表明解释变量越大，因变量取 1 的概率越大；反之，如果系数为负，表明相应的概率将越小。

在本研究中，对环境规制下，农户对农业环境新技术的选择意愿确定为 y_i，农户愿意选择农业新技术用 1 表示，反之用 0 表示。为了检验农户在环境

约束下对农业环境新技术采纳意愿的影响因素，这里根据 336 份样本问卷，选择了 5 类 15 个解释变量。

（1）户主特征变量：年龄（Age）、受教育程度（Edu）、健康状况（$Heal$）、技术培训状况（$Tral$）。

（2）家庭特征变量：家庭劳动力人数（Lab）、耕地面积（$Land$）、非农收入比例（$Non-agri$）、电话数量（$Tele$）（包括固定电话和手机）。

（3）环境意识变量：对农业生产环境的关注度（$Envi$）。

（4）市场条件变量：市场销售渠道有无（农户是否参与龙头企业，是否存在中介组织和合作经济组织等）（$Mark$）、农户对采纳新技术的预期（$Tech-ex$），采纳新技术的难易度（$Tech-di$）。

（5）激励型环境规制政策变量：政府补贴的有无（$Subs$）、贷款的难易程度（$Loan$）、环境技术的宣传状况（$Prop$）。

由于这里考察的是农户采纳新技术的意愿情况，因变量只有两种状态（愿意采纳：1，不愿意采纳：0），因此采用二元选择模型分析较为合适，通过拟合分析，选用 $Logistic$ 回归模型更为合适。

设 $y=0$ 的概率为 P，则因变量为 0 的概率 P 的计算公式：

$$P(y_i = 0 \mid x_i, \beta) = P(y_i^* \leqslant 0) = P(u_i^* \leqslant -x_i'\beta) = F(-x_i'\beta)$$

在这种情形下，用极大似然估计法估计函数模型：

$$P_i = F\left(\alpha + \sum_{i=1}^{m} \beta_i X_{ij}\right) = 1 / \left\{1 + \exp\left[-\left(\alpha + \sum_{i=1}^{m} \beta_i X_{ij}\right)\right]\right\} + \varepsilon_i$$

其中，P_i 表示农户选择采用新技术的概率，i 是农户编号，β_i 表示因素的回归系数，m 表示影响这一概率的因素个数，X_{ij} 表示第 i 个农户的第 j 个影响因子，α 是回归截距，ε_i 表示随机扰动项。

设 Z 是以上变量 $\alpha + \sum_{i=1}^{m} \beta_i X_{ij}$ 的线性组合，因而可用函数表示：

$$Z = \beta_0 + \beta_1 Age + \beta_2 Edu + \beta_3 Heal + \beta_4 Tral + \beta_5 Lab + \beta_6 Land + \beta_7 Non-agri$$
$$+ \beta_8 Tele + \beta_9 Envi + \beta_{10} Mark + \beta_{11} Tech-ex + \beta_{12} Tech-di + \beta_{13} Loan + \beta_{14} Subs$$
$$+ \beta_{15} Prop + \varepsilon_i$$

其中，ε_i 是残差项。

7.4.2 模型中变量的说明

对于模型中相关变量的界定及调查数据的分类统计特征见表 7-1

表 7-1 模型中解释变量的界定及数据的统计特征

Tab. 7-1 Definition of Explaining Variable and Statistical Characteristics of the Data in the Model

变量名称	变量性质及界定	均值	方差	预期方向
农户选择新技术意愿（y）	0-1，农户不愿意选择新技术＝0，农户愿意选择＝1	0.6	0.5	
户主特征变量				
年龄（Age）	连续变量	46.2	8.3	－
受教育程度（Edu）	连续变量	6.8	2.7	＋
健康状况（Heal）	1-5，很差＝1，较差＝2，一般＝3，较好＝4，很好＝5	3.7	0.8	＋
技术培训（Tral）	0-1，没有参加＝0，参加过＝1	0.4	0.5	＋
家庭特征变量				
家庭劳动力人数（Lab）	离散变量	2.2	0.9	＋
耕地面积（亩）（Land）	连续变量	7.0	6.2	＋
非农收入比例（Non-agri）	连续变量	0.6	0.3	－
电话数量（Tele）	离散变量	3.3	1.4	－
环境意识变量				
环境关注度（Envi）	0-4，对环境污染极不关注＝0，不关注＝1，一般＝2，比较关注＝3，十分关注＝4	2.5	1.0	＋
市场条件变量				
销售渠道（Mark）	0-1，无（农户没有参与龙头企业、中介组织和合作经济组织等）＝0，有（参加过上述组织之一）＝1	0.5	0.5	＋
新技术采纳期望（Tech-ex）	0-1，没有期望（不采纳或被动采纳）＝0，期望高（改善环境、提高产品质量和产量、提高收入）＝1	0.9	0.4	＋

（续表）

变量名称	变量性质及界定	均值	方差	预期方向
技术采纳难易程度（Tech－di）	1－4，不难＝1，一般＝2，比较难＝3，很难＝4	2.3	0.8	－
激励型环境规制政策变量				
贷款条件（Loan）	0－1，不能获取贷款＝0，能＝1	0.3	0.5	＋
政府补贴（Subs）	0－1，补贴不重要或无所谓＝0，重要＝1	0.8	0.4	＋
政府组织宣传（Prop）	0－1，政府没有组织宣传＝0，政府组织宣传＝1	0.7	0.5	＋

注：表中"＋"表示解释变量和新技术采纳意愿正相关，"－"表示解释变量和新技术采纳意愿负相关。

7.5 计量模型的估计结果

这里在 336 份有效调查问卷的数据基础上，运用 SPSS16.0 统计软件进行了二元选择模型估计。在进行二元 Logistic 回归分析时，采用后退筛选法即 Backward：Wald 选项。具体做法：首先让所有的变量都进入回归方程，然后将 Wald 统计量值最小的解释变量删除，再进行回归，直到所有的解释变量均达到显著水平为止。这里一共进行了 10 次计量估计结果。

表 7-2 是二元 Logistic 回归分析的估计结果。

表 7-2 模型观测量简表

Tab. 7-2 Case Processing Summary

未加权的案例		N	百分比（%）
已选择的案例	已包括在分析之中	336	100.0
	缺失的案例	0	0.0
未选定的案例		0	0.0
总计		336	100.0

可以看出，表 7-2 是对样本的总体描述，模型的有效样本 336 个，缺失样本数为 0。

表 7 - 3　方程中的变量

Tab. 7 - 3　Variables in the Equation

项　目		B	$S.E$	$Wald$	自由度	显著性	Exp（B）
步骤 0	常量	0.448	0.112	16.028	1	0.000	1.565

表 7 - 3 是对常数项显著性的检验。由表 7 - 3 可以看出，在检验步骤之前，常数项的显著性明显，所有在以后的检测中应当将常数项包括在模型的分析之中。

考虑到后退筛选法经历了 10 次删除和筛选的过程，在这里主要选择步骤 1 和步骤 10 分析模型进行分析和比较，对模型的显著性及拟合效果进行分析。

表 7 - 4 为模型的显著性检验状况。由表 7 - 4 可以看出，模型的卡方统计量及显著性 sig 值均显示模型的整体显著性较好。

表 7 - 4　模型系数的综合检验

Tab. 7 - 4　Omnibus Tests of Model Coeffients

项目		卡方	自由度	显著性
	步骤	111.694	15	0.000
步骤 1	块	111.694	15	0.000
	模型	111.694	15	0.000
	步骤	−1.794	1	0.180
步骤 10	块	107.567	6	0.000
	模型	107.567	6	0.000

注：负卡方值表明卡方值已经从上一步中减小。

表 7 - 5 是对模型的预测能力检验，可以看出步骤 1 和步骤 10 对农户具有的新技术选择意愿预测值分别达到 86.9％ 和 86.8％，两模型的总体预测值分别达到 76.5％ 和 76.2％，模型的预测效果较为显著。

表 7 - 5　不同步骤预测的准确率比较

Tab. 7 - 5　Comparison of Accuracy of the Prediction in the Different Step

观察值			预测值		校正百分比
			y：农户对新技术的选择意愿		
			否	是	（％）
步骤 1	y：农户对新技术的选择意愿	否	81	50	61.8
		是	29	176	85.9
	总百分比				76.5

（续表）

观察值			预测值		校正百分比（％）
			y：农户对新技术的选择意愿		
			否	是	
步骤 10	y：农户对新技术的选择意愿	否	78	53	59.5
		是	27	178	86.8
	总百分比				76.2

步骤 10 是最终模型的估计结果，见表 7 - 6、表 7 - 7 和表 7 - 8。

表 7 - 6 步骤 10 中方程的变量

Tab. 7 - 6 Variables in the Step 10

项　目	B	$S.E$	$Wald$	自由度	显著性	Exp（B）
电话数量（Tele）	−0.194	0.99	3.813	1	0.051	0.824
环境关注度（Envi）	0.641	0.151	17.952	1	0.000	1.898
新技术采纳难易程度（Tech−di）	0.800	0.186	18.506	1	0.000	0.449
政府补贴（Subs）	1.197	0.305	15.415	1	0.000	3.310
销售渠道（Mark）	0.718	0.276	6.754	1	0.009	2.050
政府组织宣传（Prop）	0.719	0.289	7.283	1	0.007	2.180
常量（constant）	−0.282	0.705	0.160	1	0.689	0.754

表 7 - 7 步骤 10 中不在方程里的变量

Tab. 7 - 7 Variables not in the Step 10

变量	得分	自由度	显著性
年龄（Age）	0.183	1	0.669
受教育程度（Edu）	0.041	1	0.839
健康状况（Heal）	1.021	1	0.312
家庭劳动力人数（Lab）	0.398	1	0.528
非农收入比例（Non−agri）	1.803	1	0.179
耕地面积（亩）（Land）	0.772	1	0.380
新技术采纳期望（Tech−ex）	0.147	1	0.701
贷款条件（Loan）	0.017	1	0.897

（续表）

变量	得分	自由度	显著性
技术培训（Tral）	1.189	1	0.275
总统计量（overall statistics）	7.107	9	0.626

注：在各步骤中删除的变量：贷款条件（Loan）在步骤 2 中移除，新技术采纳期望（Tech－ex）在步骤 3 中移除，受教育程度（Edu）在步骤 4 中移除，家庭劳动力人数（Lab）在步骤 5 中移除，健康状况（Heal）在步骤 6 中移除，年龄（Age）在步骤 7 中移除，技术培训（Tral）在步骤 8 中移除，耕地面积（亩）（Land）在步骤 9 中移除，非农收入比例（Non－agri）在步骤 10 中移除。

表 7－8　环境约束条件下农户采纳新技术意愿模型估计结果

Tab. 7－8　Estimation Results on the Model of Farmers' Adoption of new

Technology under the Constraint of the Environment

模型解释变量	模型一（步骤 1）				模型二（步骤 10）			
	系数	S.E	Wald 值	显著性	系数	S.E	Wald 值	显著性
户主特征变量								
年龄（Age）	－0.015	0.018	0.693	0.405				
受教育程度（Edu）	－0.015	0.057	0.071	0.789				
健康状况（Heal）	0.167	0.186	0.806	0.369				
技术培训（Tral）	0.461	0.343	1.809	0.129				
家庭特征变量								
家庭劳动力人数（Lab）	0.047	0.163	0.085	0.771				
耕地面积（亩）（Land）	0.033	0.026	1.686	0.194				
非农收入比例（Non－agri）	1.075	0.588	3.343	0.067				
电话数量（Tele）	－0.261	0.114	5.269	0.022	－0.194	0.099	3.813	0.051
环境意识变量								
环境关注度（Envi）	0.676	0.168	16.185	0.000	0.641	0.151	17.952	0.000

（续表）

模型解释变量	模型一（步骤1）				模型二（步骤10）			
	系数	S.E	Wald 值	显著性	系数	S.E	Wald 值	显著性
市场条件变量								
销售渠道（Mark）	0.667	0.293	5.193	0.023	0.718	0.276	6.754	0.009
新技术采纳期望（Tech－ex）	0.098	0.413	0.057	0.812				
新技术采纳难易程度（Tech－di）	−0.791	0.191	17.232	0.000	−0.800	0.186	18.506	0.000
激励型环境规制变量								
贷款条件（Loan）	−0.015	0.326	0.002	0.964				
政府补贴（Subs）	1.228	0.322	14.582	0.000	1.197	0.305	15.415	0.000
政府组织宣传（Prop）	0.533	0.356	2.242	0.134	0.779	0.289	7.283	0.007
常数	−2.474	1.547	2.558	0.110	−0.282	0.705	0.160	0.689
Cox&Snell R_2	0.389				0.592			
Nagelkerke R_2	0.374				0.571			
对数似然值	334.609				341.796			
预测准确率（%）	76.5				76.2			

7.6 模型估计结果的分析

由估计结果可以看出，模型的显著性较为明显，预测准确率较高。在环境约束条件下，农户对农业环境新技术的采纳较明显地和家庭电话数量等家庭特征变量、农户对环境的关注程度等环境意识变量、销售渠道的有无和新技术的采纳难度等市场条件以及政府补贴和政府是否组织新技术的宣传等激励型环境规制政策变量相关。通过分析可以得出以下结论。

（1）社会网络关系对农户采纳环境新技术有着直接的影响

模型中用家庭电话数量作为农户获取信息的渠道的替代变量，也是农户社会网络关系的表征变量。由表 7－8 可以看出，家庭电话数量系数是−0.194，这表明家庭电话数量多少和农户采纳新技术的意愿呈反方向变化，该系数检验的显著性值是 0.051，剩余平方和是 0.099，可见，检验的效果较为明显。所以，农户获取信息渠道的多少和社会网络密集程度和农户采用农业新技术是成反比的。在实际生活中，农户的社会关系网络和其获取信息的渠道较大程度地依靠电话等现代通信工具，特别是在当前我国农村劳动力市场不发达，政策的导向作用不明显的形势下，农村劳动力的外出就业则更多地依靠亲缘关系等社会网络。以现代通信方式为特征的信息获取渠道和社会网络关系有助于农村劳动力的转移，造成外出就业的增多，而不利于农户对新技术的采纳。相关学者对农户的社会网络和信息渠道与农村劳动力的转移关系进行了研究，蔡昉（2001）的研究表明，农村劳动力外出就业所依靠的社会资源并不是来自政府和市场，而是其所在的社会网络，其中65.8%的农村流动劳动力是靠亲缘和地缘关系等社会网络获取工作信息的。可见，农户信息渠道和社会网络是农户劳动力转移的重要载体，而农村劳动力的转移则不利于农民采用新技术并从事农业生产。①

（2）农户环境意识的增强对农业环境新技术的采纳意愿有着重要的意义

这里用农户对环境污染的关注程度作为农户环境意识的变量，由模型估计结果可以看出，环境污染关注度系数是0.641，符号为正值，表明环境关注度越高越有利于农户对新技术的采纳意愿。显著性检验表明，系数检验的显著性值是0.000，剩余平方和是0.151，检验的显著性非常明显。农户的生产决策目标是多样化的，例如利润的最大化，非利润的最大化诸如风险的最小化、产品质量最优化等等。农户的生产决策是这些目标权衡的结果，以利润最大化为目标的农户片面的追求产品产量，甚至以牺牲环境资源为代价来获取产量的最大化，这不利于环境新技术的推广和采纳。而重视环境质量以非利润最大化为目标的农户则会关注于产品质量和生产的效益，从而更加关注于环境资源的质量，通过对农业环境新技术的采纳来提高产品的产量和质量，从而达到改善环境，提高收入和增加效益的目的。随着农民收入水平和生活质量的提高，对环境的关注程度也越来越高。由本次调查数据也可以看出农户对环境关注程度明显提高，十分关注者52人，占样本数的15%，而极不关注者仅为7人，占样本数的2%，见表7-9。环境意识的增强能促使农户积极地采纳新技术改善环境，合理利用土地、水资源提高要素的使用效率，自觉地选择无污染的农业生产技术，提高生产质量和效益，最终促进农业的可持续发展。

---

① 蔡昉．中国人口流动方式与途径［M］．北京：社会科学文献出版社，2001.

表 7 - 9 被调查农户对环境关注程度

Tab. 7 - 9 The degree of farmers' environmental concern in the investigation

项目	极不关注	不关注	一般	比较关注	十分关注
人数	7	49	104	124	52
百分比（%）	2	15	31	37	15

（3）绿色产品市场条件的改善和销售渠道的畅通是农户采纳环境新技术的直接推手

环境规制下农业新技术的最终产品是绿色农产品，产品的市场需求是新技术最终推广和使用的决定因素。由实证模型的估计结果可以看出，销售渠道系数是 0.718，符号为正，说明销售渠道的畅通和农户新技术的采纳意愿是成正比的。而系数显著性的检验显示，剩余平方和是 0.276，系数检验的显著性值是 0.009，非常显著。而在本研究中涉及的销售渠道主要包括农业合作经济组织、龙头企业相关中介组织，这些组织在农户生产经营和销售过程中能够帮助农户统一购买生产资料、提供技术支持和服务；能够提高产品的品牌效应和农户议价能力，建立稳定的农产品销售渠道，从而为农户绿色农产品的销售开辟市场。但在调查中也发现当前安徽省的农业合作经济组织数量偏少，难以产生广泛带动广大农户加入以实现农业生产的规模效应，现有的合作组织又普遍存在结构松散、人才匮乏、资金缺乏以及缺乏规范的管理机构和运营机制，这些也不同程度地影响着其正常效应的发挥。

（4）农户采纳环境新技术的难易程度对农户的采纳意愿影响显著

农户采纳环境技术的难易程度会直接影响着农户的新技术采纳意愿。新技术采纳难易程度变量系数是 -0.800，符号为负。这表明农业新技术采纳的难易程度和农户新技术的采纳意愿是成反比的，即技术采纳难度越大，农户的新技术采纳意愿就越弱，反之，则越强。而系数显著性的检验显示，剩余平方和是 0.186，系数检验的显著性值是 0.000，非常显著。农业新技术的采纳难度越低，新技术带来的效益越高，就越能促进农户采纳新技术。而农业环境新技术的采纳难度与农民的教育文化程度、资金的获取和新技术的培训等是密切相关的。农户的教育程度越高，掌握新技术的能力就越强。此外，新技术培训渠道和制度的完善也有利于农户对新技术的掌握。这些对农户新技术的采纳都有一定的促进作用。当前随着农民文化程度的不断提高，政府适时采取措施予以政策和技术上的支持，从而能够提高农户采纳新技术的热情。

（5）政府激励型环境规制政策——政府补贴，对农户是否采纳环境新技术有着重要的影响

由分析模型的估计结果可以得出，政府补贴变量系数是 1.197，符号为正，表明政府补贴和农户对新技术的采纳意愿是呈正向变化关系的，即政府补贴力度越大，农户对新技术的采纳意愿越强，越有利于农业科技进步；反之，则对新技术的采纳意愿越弱，越不利于农业科技进步。而系数显著性的检验显示，剩余平方和是 0.305，系数检验的显著性值是 0.000，非常显著。当前，农业补贴的方式仍然不够完善，补贴力度仍然较低，难以发挥其应有的政策效应。政府通过对引进具有一定的经济效益和环境效益农业新品种、新技术给予一定的补贴或奖励，从政策上给予引导和支持，这些都会激发农户积极引进新品质、采纳新技术，能够迅速将农业科技成果转化为物质财富和经济效益，从而有利于农业的科技进步。

（6）政府对新技术的宣传有利于促进农户对环境新技术的采纳

政府组织对新技术的宣传主要是指政府通过相关机构，例如政府科技部门、村委会等组织对农业新品种、农业新设备以及农业新技术的宣传和推广。模型的研究结果显示政府组织新技术的宣传有利于农户新技术采纳意愿的提升。模型中政府宣传变量系数是 0.533，符号为正，说明政府组织宣传和农户新技术采纳意愿是正相关的。而系数显著性的检验显示，剩余平方和是 0.289，系数检验的显著性值是 0.000，非常显著。在调查中也发现当地政府组织了农业科技下乡和新技术进村入户活动，通过开展科技下乡进村入户，以科技培训、科技咨询等方式将农业新技术、新成果传授给农户，特别是农村专业户、返乡农民工，使他们通过学习，提高他们的科技素质，提升农产品的市场竞争力，促进生态农业和绿色农业的健康发展。但模型的估计也显示政府的技术培训对农户采纳新技术的意愿的提升不够显著，这可能和培训的效果不够明显，很多活动仅仅局限于形式，收效并不明显。

最后，从模型的估计结果看，户主特征变量对于农户新技术的采纳意愿影响并不明显。户主的年龄、受教育程度、健康状况以及是否参加技术培训对环境技术采纳影响不大，这可能和新技术的采纳是受到多方面因素的影响，是一个长期的、动态的选择过程，而调查的数据也仅仅是一个静态数据，一

些长期的效应难以显现。

7.7 本章小结

环境规制能够促进农业的科技进步，但促进效果并不够明显。从农业科研创新主体（政府）角度来看，在环境约束条件下政府能够积极地引导科研部门进行技术创新，这有利于农业科技进步的提升。但从农业新技术的采纳主体（农户）角度看，由于农户自身特征、市场条件以及政府的政策环境条件等制约着农户采纳新技术的意愿，影响着农业的科技进步，是农业科技进步缓慢的重要原因之一。本章在对安徽省 336 个农户调查数据的基础上，运用了二元 Logistic 回归模型对影响农户新技术采纳意愿的因素进行了分析。结果显示：农户的社会网络关系和农户采纳新技术的难易程度与农户对新技术采纳意愿呈反向变化关系，而农户的环境意识、销售渠道、政府补贴和宣传与新技术采纳意愿呈正向变化关系。

实证分析表明农民的环境意识、市场条件以及政府的激励型环境规制政策对农户选择采纳环境新技术影响显著。因此，在环境约束条件下，政府必须通过教育机构、新闻媒体以及宣传部门多渠道、多措施进行农业生态环境保护宣传，提高农户保护农业环境的意识。政府还要在农户对新技术的使用方面进行技术和资金的支持，通过科技下乡等手段提供技术支持，以政府补贴等方式予以积极引导并提供资金支持。此外，政府还要积极的扶持农村合作经济组织和龙头企业，规范它们的经济行为和运营机制，发挥它们在农户的要素供给、技术支持和产品销售中的引领作用。

第八章 研究结论和政策建议

"波特假说"论证了环境规制和科技进步之间的促进关系,本书将这一假说引入农业领域,从理论和实证的角度验证了这一假说也适合农业领域,并进一步分析了环境规制对农业科技进步传导机制的效果和影响因素。本章结合研究过程和中国农业生产的实际,提出了相应的研究结论和政策建议,并指出了进一步研究的方向。

8.1 研究结论

本研究在"波特假说"的基础上,以安徽省为例并运用了西方经济学理论建立了相应的经济模型论证了环境规制对农业科技进步的传导机制,并结合安徽省农业生产数据运用计量经济学模型实证分析了环境规制和农业科技进步的关系,实证的检验结果显示环境规制对农业科技进步具有一定的促进作用,但是效果并不明显。与工业领域相比,环境规制对农业科技进步促进效果较弱的原因在于农业科技进步主体的多元性和过程的复杂性。农业科技进步的主体包括农业科研创新主体(政府和科研机构)和农业新科技采纳主体(农户)。实证的检验表明,从科研创新主体角度看环境规制对农业科研创新的促进效果较明显;而从农业新技术采纳主体看,在环境约束下农户的自身特质、市场条件以及政府的环境政策则制约着农户对农业新技术的采纳,影响着农业的科技进步,这是造成传导机制效果不明显的重要原因。具体的研究结论如下。

(1)本书运用了主成分分析法提取了农业污染综合指标,建立了一个二次曲线方程验证了安徽省农业污染和经济增长之间也符合环境库兹涅茨曲线,并且处于环境库兹涅茨曲线的拐点附近。经济增长是形成农业污染的直接原因，而农业污染其后存在的深层次原因则是环境意识的淡薄，环境产权的模糊以及环境政策的缺失或缺乏区分度，难以形成激励机制。因而，缓解农业环境污染压力，政府必须制定合适的环境政策，增强农业生产者的环境意识，激发他们的环境治理行为。

（2）"波特假说"认为环境规制能够促进科技进步，国内外许多学者建立实证模型对此进行了验证。本书从经济学角度对环境规制与农业科技进步的传导机制进行了理论分析，并在安徽省1990—2009年的农业生产数据的基础上，选择了合适的环境规制和农业科技进步变量指标，建立了一个VAR模型，运用了Johansen协整分析方法验证了安徽省农业生产中的环境规制和农业科技进步的关系也符合"波特假说"，Granger因果关系检验说明了安徽省环境规制是农业科技进步产生的原因，脉冲响应分析和方差分析则更深入地从定量的角度分析了环境规制对农业科技进步的影响滞后的趋势和影响程度。由实证的分析可以看出，只是从短期静态角度来分析，环境规制是不利于农业的科技进步的；但从长期动态角度来看，环境规制是有利于农业科技进步的。

（3）实证模型的检验结果验证了环境规制是能够促进农业科技进步的，但促进的效果并不明显。这主要是由于农业科技进步的创新主体、创新环境以及发展过程的复杂性所致。创新主体的多元化，利益目标的多重化扭曲了环境规制的传导机制，影响了农业科技进步进程。由于环境规制的主体包括农业科研创新主体（政府和科研机构）和农业新科技采纳主体（农户）。因而，本书首先建立了一个滞后回归模型，从农业科研创新的角度验证了环境规制对农业科研创新有着积极的促进作用。实证结果显示，不论从环境规制的即期效应还是滞后3期的效应来看，环境规制都能够促进农业科技创新，这一点更能够说明以社会福利最大化的政府在环境规制面前的主动性。

（4）从农业新科技采纳主体看，在环境约束条件下，农户自身特质、市场条件以及政府的环境政策在不同程度上影响着农户对农业环境新技术的选择，制约着农业的科技进步。本书在对安徽省336个农户调查数据的基础上，运用了二元Logistic回归模型对影响农户新技术采纳意愿的因素进行了分析。结果显示：农户的社会网络关系和农户环境新技术采纳的难易程度与农户对新技术采纳意愿呈反向变化关系，而农户的环境意识、销售渠道、政府补贴和宣传与新技术采纳意愿呈正向变化关系。因而，在当前条件下农户自身环境意识的淡薄，农产品销售渠道的不够畅通以及政府环境政策的缺失或不够完善，这无疑导致了农户对农业环境新技术的采纳意愿不高，制约着农业的科技进步。

8.2 政策建议

8.2.1 优化环境规制工具，凸现环境规制效应

"波特假说"假说的前提条件就是"恰当设计"的环境政策，而所谓的"恰当设计"的环境政策设计就是基于市场激励机制的环境规制政策。而市场激励型环境规制政策就是政府运用税收、补贴等经济手段向生产者发出市场信号，引导生产者控制污染行为，并激励他们积极地利用新技术降低污染物排放量达到政府预期的环境目标。市场激励型的环境政策会降低政府政策执行的成本，也有利于生产者的科技创新，提高产品的竞争力。但中国农业环境政策以管制和行政命令手段为主，并辅以经济激励手段，命令-控制型环境政策作用不容忽视，能在较短时间内达到政府所要求的环境标准和政策目的，但其局限性也逐渐显现。命令-控制型农业环境政策手段难以根据生产者的污染边际成本确定其需要承担的相应的污染治理成本，缺乏政策的区分度，势必造成个别生产者承担高额的治污成本。命令-控制型农业环境政策也使得农业生产者对生产技术丧失了选择权而不利于科技的创新。中国环境规制对农业科技进步的促进效果不明显的一个重要原因就是中国环境规制政策中命令-控制型环境政策所占比重较大，"波特假说"所处的外在政策环境不完善导致了环境规制对农业科技进步的传导效果是不够明显的。

可见，要增强环境规制的传导效果必须健全和完善农业环境规制体系，优化环境规制工具，发挥激励型环境规制政策在农业科技进步中的诱导作用。建立环境税收制度，逐步建立污染物排放税、污染产品税、生态保护税、碳税等税目，通过环境税引导生产者进行技术革新，减少污染排放。完善农业补贴政策，调整补贴结构，重点补贴优质无公害农产品，增加良种补贴和节水灌溉技术补贴，增加对农民技术培训和培训机构的补贴以及农业技术推广补贴，加大对农产品检验服务的支持力度。同时，政府还通过出台相应收入

补贴政策例如良种补贴、休耕补贴、环保补贴等政策，引导农民调整农业生产结构，增强农民的环保意识，提高农产品的国际竞争力。[①] 建立生态补偿机制，完善生态补偿机制的资金渠道；建立政府财政性生态补偿基金，明确生态补偿基金的支付方向，确保基金使用于环境保护、环境技术研发以及环保人员的培训方面，建立相应的监督机制。[②] 开展农业面源排污权交易试点，争取在全国范围内推行排污权交易。

8.2.2 规范科技进步主体行为，完善农业科技创新机制

在工业领域，环境规制能够促进科技进步的原因在于科技进步主体——企业能够对政府环境规制的市场信号迅速做出反应并将环境因素纳入其最优化决策之中。在环境规制的冲击下，生产者会拓宽其经营视野，寻求既能满足环境规制政策目标又能提高自身生产效率的创新技术。然而在农业领域，农业科技进步存在着主体的多元性和创新过程的复杂性特点，农业科研创新主体（政府和科研机构）和农业新技术采纳主体（农户）之间存在目标和利益的不一致。前者是以政府为主导的科技成果的提供者，是科技创新前期活动的组织者和投资者，其目标主要是公益目标和社会利益，而后者是技术创新的后期承担者，是新技术采纳的主体，其目标是经济利益的最大化。多元化的农业科技进步主体使得创新机制难以统一、协调，往往使得农业科技创新的成果难以迅速转化为生产力，影响着农业科技进步的进程。

根据农业科技进步的特征，政府应当作为农业科技进步机制的引导者甚至是组织者，协调好各方面的利益关系，发挥其在农业科技进步中的主导作用和宏观调控作用。政府通过制定农业科技政策，运用各种政策手段作用于农业科技进步的各个要素和各个过程，使其与农业科技进步系统运行的整体要求和整体目标相适应，提高农业科技进步系统的有序度和运行质量，从而达到促使农业科技进步系统有序运行，有效地达到促进农业发展的目的。[③] 政府运用市场调节方式，通过利益导向和激励机制转变激发农业科研机构的研发热情，发挥其在农业科技创新中的核心作用。政府还要积极地扶持农业龙

---

① 陶群山. 欧盟农业保护政策的演变和启示 [J]. 经济纵横，2010（05）：110-113.

② 孔凡斌. 建立和完善我国生态环境补偿财政机制研究 [J]. 经济地理，2010（08）：1360-1366.

③ 潘鸿. 中国农业科技进步和农业发展 [D]. 长春：吉林大学，2008：88.

头企业并支持农村合作经济组织，发挥其在农户与市场、政府间的桥梁作用，积极地推动农业科技进步。同时要提高农户的素质，增强农民的环境意识和技术应用水平，促进农业新技术的不断创造和推广应用。

8.2.3 完善政策激励体系，诱导农业科技进步行为

环境规制对农业科技进步促进效果不明显的一个重要原因在于农业的弱质性，在这里主要表现为农业科技产品供给的风险性和公共产品性质。生产者在环境规制条件下采取新技术改善环境，提高产品质量，这会导致生产成本的增加，而要实现创新补偿机制却面临着研发风险，生产风险以及市场风险，而农业科技产品的公共产品性质难以防止"搭便车"者从中获利，从而缩小了农业科技创新者的获利空间，这些因素在一定程度上影响了农业的科技进步。

因而，政府必须要在政策环境、资金渠道以及人力资源投入上提供较大的支持。在政策环境上，要创造农业科技创新的良好政策环境，完善农业科技创新的激励机制，通过产权激励和市场激励保护农业科技工作者知识产权和合理报酬，激发他们的创新热情；要实行农业高新技术企业创新投入的税收减免政策，同时建立农业科技创新的风险基金、保险基金、创业基金，分散农业科技创新与应用中存在的各类风险，为技术创新提供宽松的政策环境。建立农业科技进步的稳定的资金渠道，将科研机构的科技创新投入作为农业投入的优先和重点领域，运用"绿箱政策"，增加农业科研、教育、疫病防治、技术推广、科技培训、结构调整等的资金支持，加强农村金融体系建设，为农户技术选择和结构调整提供畅通的信贷渠道。强化农业科技进步的人力资源支持，构建农业科技创新团队，建立知识产权保护制度和各种激励机制激发农业科研人员的创新积极性，提高农业科技创新的绩效；加大对民办科研机构的补助投入，改善科研条件及科研人员的待遇，提高科技创新积极性；创建和举办各类农业技术培训班，积极培训农业技术推广人员，提高农业技术的利用效率。

8.2.4 培育农村合作经济组织，优化农产品市场条件

"波特假说"的一个重要内容就是"有限理性"，也即生产者在实现经济利润最大化的时候又受到资源、环境以及不完全信息等市场条件的限制，政

府的环境规制为这一限制传递了强烈的市场信号，这样会诱使生产者将环境因素纳入最优决策中，促使其积极地寻求环境技术，实现环境规制的技术创新补偿效应。然而，在环境规制条件下，单个的农户作为市场主体在进行技术选择时，由于其自身特征、市场条件和政策环境的局限性，面临着资金瓶颈、技术瓶颈以及产品市场渠道限制等诸多难题，并且由于生产规模较小而导致平均成本的上升，产品竞争能力的薄弱和产品的销售渠道的狭窄而引发出市场风险，这些往往增加产品成本，影响其价格而难以实现技术创新补偿。而农户参与市场竞争的弱势特点促使了农村合作经济组织存在的必然性，农村合作经济组织就是通过组织化经营的方式把众多的小规模的生产者组织起来，实行弱弱联合、弱强联合、强强联合，降低生产成本，提高产品的竞争程度。农村合作经济组织在生产资料的采购，农业新技术的支持和服务，产品品牌效应的形成和农户议价能力的提高上，能够产生规模效应，提高农户的竞价能力，降低其市场交易成本，从而建立稳定的产品销售渠道，为绿色农产品的销售开辟市场。

但当前农村合作经济组织数量少，规模小，其生产经营的规模效应难以发挥，而现有的合作组织又存在结构松散、资金缺乏以及运营管理的不规范，其带动和引领效应难以发挥。因而，政府需要积极提高农民的组织化程度，倡导农村合作经济组织的新模式，引导种养大户、科技大户以及龙头企业围绕主导产品和特色产品，组织各种类型的合作组织，规避农户参与市场的风险，提高产品的竞争力。加大对农村经济合作组织的财政金融支持，建立农村合作经济组织专项扶持资金用于支持其进行信息服务和技术培训。规范金融机构行为，引导其增加农村合作经济组织的信贷规模，为合作组织的发展提供资金支持。规范农村合作组织的内部运营机制，规范合作经济组织的章程和登记制度，健全组织机构，建立透明的民主管理和财务管理制度，理顺合作经济组织的运营机制和利益分配机制。

8.2.5　提高农民文化素质，强化农民环境和科技意识

"波特假说"的创新之处在于改变了传统的竞争优势思想，提出了"环境竞争力"的思想也即企业承担环境责任仍然会创造出生产力。恰当的环境政策设计会激发企业的环境意识和科技创新意识，促使企业积极地进行科技创新，降低生产成本以实现创新补偿并获取产品和企业的竞争优势。然而，这

一竞争优势的获取是建立在生产者的较强的环境意识、科技意识以及市场意识之上的。而农户由于教育文化程度较低，片面追求生产的经济效益以及获取环境知识和科技知识的渠道狭窄等原因造成了他们的环境意识和科技意识淡薄，在环境规制条件下，缺乏选择环境新技术的动机，对农业新技术采纳的意愿不足，影响着农业科技进步的进程。

因此，在环境约束条件下，政府需要通过教育机构和宣传媒体对农民进行环境生态知识和农业科技知识的宣传，提高农民的环境意识，同时将环境知识的宣传同科技兴农，提高收入结合起来。完善环境保护法律体系，运用法律手段强化农民的环境意识。建立农村环境监测、分析、报告与预警体系，健全议事机构，提高农民参与环境管理的积极性。加大政府投入，政府要在农户对新技术采纳上进行技术和资金的支持，通过科技下乡等手段为农户提供技术支持，增强他们采纳新技术的意愿，并以政府补贴等方式予以积极引导和资金支持。强化农业服务企业、村委干部以及社会组织负责人的生态环境意识，确保农业生产的各项任务都将环保放在第一位。向农户提供生态型农业生产资料（有机肥料等）和生态技术（沼气技术等），积极引导农民树立生态科技意识。

8.3　研究展望

本研究主要基于安徽省的农业生产数据并在"波特假说"的基础上，对环境规制与农业科技进步的传导机制进行了理论和实证的研究，并得出了相应的结论。但研究是在农业环境规制的政策体系仍然不健全，环境规制的手段尚欠科学的条件下展开的，因此可能会导致相关研究变量指标（例如环境规制强度指标）的选择存在局限性。但随着今后农业环境政策体制的完善，科学的环境规制工具的运用，本研究的后续研究将不断完善。

同时，在对农户的生产行为研究中，仅仅从实地调查数据入手，从一个静态的角度考察农户生产特征对农业科技进步的影响，而缺乏一个相对长的观察数据，从动态角度来考察，使得实证分析和理论分析相吻合。这主要是由于研究的条件和时间的局限性，在今后的研究中将会更加深入。

参 考 文 献

［1］ Armin Schmutzler. "Environmental Regulations and Managerial Myopia" ［J］. Environmental & Resource Economics, European Association of Environmental and Resource Economists, 2001, 18 (1), pages 87 – 100, January.

［2］ Atkinson, S. E. and Lewis, D. H. "A Cost — effectiveness Analysis of Alternative Air Quality Control Strategies." ［J］. Journal of Environmental Economics and Management, 1974, 1 (3): 237 – 250.

［3］ Awudu Abdulai, Wallace E. Huffman. The Diffusion of New Agricultural Technologies: The Case of Crossbred — Cow Technology in Tanzania ［J］. American Journal of Agricultural Economics, 2005 (08), 645 – 659.

［4］ Bain J S. Barriers to new competition ［M］. Cambridge, MA: Harvard Business Press, 1956.

［5］ Brown, L, R. "Who will feed China?" ［J］. World Watch Magazine, 1994, 7 (5): 66 – 76.

［6］ Ben Kriechel & Thomas Ziesemer. The environment Porter Hypothesis: theory, evidence and a model of timing of adoption ［J］. Taylor and Francis Journals, 2009, 18 (3), pages 267 – 294.

［7］ Brunnermeier S B, and Cohen M A. Determinants of environmental innovation in US manufacturing industries ［J］. Journal of Environmental Economics and Management, 2003, 45 (2): 278 – 293.

［8］ Christian. G. B. , Haveman. R. H. The contribution of environmental regulations to slow down in productivity growth [J] . Journal of Environmental Managemen, 1981, 8 (4): 381 - 390.

[9] Denison E. F. Accounting for slower economic growth: the United States in the 1970s [J] . Southern Economic Journal, 1981, 47 (4): 1191 -1193.

[10] Domazlicky. B R, W L. Does Environmental Protection Lead to Slower Productivity Growth in the Chemical Industry [J] . Environmental and Resource eEconomics, 2004, 28: 301 - 324.

[11] David Romer. Advanced Macroeconomics [M] . The McGraw—Hill Companies, Inc, 1996: 12 - 15.

[12] Feiock, R. and C. K. Rowland. Environmental Regulation and Economic Development [J] . Western Political Quarterly, 1991: 56 - 70.

[13] George. Stigler, Claire. Friedland. What can the Regulators Regulate: The Case of Electricity [J] . Journal of Law and Economics, 1962.

[14] Griliches, Z. HybridCorn: An Explanation in the Economics of Technological Change [J] . Econometric. 1957, 25 (4): 501 - 522.

[15] Grossman, G. M. and Krueger, A. B. Environmental Impacts of A North AmericanFree Trade Agreement [J] . Woodrow Wilson School, Princeton, NT, 1992.

[16] Goulder, L, H and K, Mathai. Optimal CO_2 Abatement in the Presence of Induced Technological Change [J] . Economics and Management, 2000, 39 (1), 1 - 39.

[17] Jaffe, A. B. , and K. Palmer. Environmental Regulation and Innovation: A Panel Data Study [J] . Review of Economics and Statistics, 1997, 79 (4), 610 - 619.

[18] J. Andreoni & A. Levinson. The simple analytics of the environmental Kuznets curve [J] . Journal of Public eonomics, 2001: 269 - 286.

[19] Joshi, Satish, Ranjani Krishnan and Lester Lave. Estimating the Hidden Costs of Environmental Regulation [J] . The Accounting Review, 2001, 76 (2): 171 - 198.

[20] Jaffe, Adam and Karen Palmer. Environmental Regulation and In-

novation: A Panel Data Study [J]. Review of Economic and Statistics, 1997, 79 (4): 610－619.

[21] Jones, Larry E. and Rudolfo E. Manuelli. A Positive Model of Growth and Pollution Controls [R]. NBER Working Paper Series, 5205, 1995.

[22] Lanoie P, Patry M, Lajeunesse R. Environment Regulation and Productivity: New Findings on the 21. Porter Hypothesis [R]. Working paper, 2001.

[23] Kriechel, Ben & Ziesemer, Thomas. Environmental Porter Hypothesis as a Technology adoption problem [J]. Research Memoranda 008, Maastricht: MERIT, Maastricht Economic Research Institute on Innovation and Technology, 2005.

[24] Kalt, J and Zupan, M, Capture and Ideology in the Economic Theory of Politics [J]. American Economic Revews, 1984 (74), 276－300.

[25] Lorie Srivastava, Sandra S. Batie, and Patricia E. Norris, The Porter Hypothesis, Property Rights, and Innovation Offsets: The Case of Southwest Michigan Pork Producers [J]. Paper provided by American Agricultural Economics Association (New Name 2008: Agricultural and Applied Economics Association) in its series 1999 Annual meeting, August 8 －11, Nashville, TN with number 21515.

[26] McChesney, F. S. Money for Nothing: Politicians, Rent Extraction, and Political Extortion [M]. Cambridge: Harvard University Press, 1997.

[27] M. Lindmak. An EKC－pattern in historical perspective－carbon dioxide emissions, technology, fuelprices and growth in Sweden 1870－1997 [J]. Ecoloical Economics, 2002, 42: 333－347.

[28] Mohr. R, D. Technicl change, external economics and the porter hypothesis [J]. Journal of Enovironmental Economics and Management, 2002, 43 (1): 158－168.

[29] Marco Baglian, i GiangiacomoBravo, et a. l A Consumption－based Approach to Environmental Kuznets Curves Using the Ecological Foot－print indicator [J]. EcologicalEconomics, 2008: 650－661.

［30］ Porter，M. A，"America's Green Strategy，" ［J］. Scientific American，1991：168，264.

［31］ Porter，M. A，The Competitive Advantage of Nations ［M］. NewYork：The Free Press，1990.

［32］ Porter，M，and Vander. Linder，C. Toward a concept of the environment-competitiveness relationship ［J］. Journal of Economic Perspectives，1995，9 (4)：97－118.

［33］ Porter，M. E. and C. vander Linde. "Reply." ［J］. Harvard Business Review (November—December) 1995：206.

［34］ Posner，R. A.. Theories of Economic Regulation ［J］. Bell Journal of Economics，1974 (5)，Autumn.

［35］ Rhoades S E. The Economist's View of the world：Government，Markets，and Public Policy ［M］. New York：Cambridge University Press，1985.

［36］ Robert S. Pindyck，Econometric Models and Economic Forecasts ［M］. The McGraw—Hill Companies，Inc. 1998，185－190.

［37］ Schmookler，J. Invention and Economic Growth. Cambridge ［M］. Harvard University Press，1966.

［38］ Square R. Exploring the relationship between environmental regulation and competitiveness——A literature review ［J］. Working paper. 2005.

［39］ Walley，N. and Whitehead. "It's Not Easy Been Green" in R. Welford and R. Starkey (eds)，The Earthscan in Business and the Environment，London，Earthscan ［J］.1996：334－337.

［40］ Williamson，Oliver. The Economics of Organization：The Transaction Cost Approach ［J］. American Journal of Organization，1981，87：548－577.

［41］ Ulph. A，Environmental policy and international trade when governments and producers act strategically ［J］. Journal of Enovironmental Economics and Management，1996，30 (3)：265－281.

［42］ Simpson，D. R and Bradford，Robert L，I. Taxing variable cost：

Environment regulation as industrial policy [J]. Journal of Enovironmental Economics and Management，1996，30（3）：282 - 300.

[43] Stokey, Nancy. Are There Limits to Growth? [J]. International Economic Review, 1998, 39（1）：1 - 31.

[44] Williamson, Oliver. The Economics of Organization：The Transaction Cost Approach [J]. American Journal of Organization，1981：87：548 -577.

[45] W. Kip Viscusi, John M. Vernon, Joseph E. Harring, Jr. Economics of Regulation and Antitrust [M]. The MIT Press, 1995.

[46] 白献晓，薛喜梅. 农业技术创新主体的类型、特征与作用 [J]. 中国农业科技导报，2002（2）.

[47] 毕于运. 中国秸秆资源数量估算 [J]. 农业工程学报，2009（12）.

[48] 蔡昉. 中国人口流动方式与途径 [M]. 北京：社会科学文献出版社，2001.

[49] 曹光乔，张宗毅. 农户采纳保护性耕作技术影响因素研究 [J]. 农业经济问题，2008（8）.

[50] 车维汉. 发展经济学 [M]. 北京：清华大学出版社，2006.

[51] 常向阳，姚华锋. 农业技术选择影响因素的实证分析 [J]. 中国农村经济，2005（10）.

[52] 陈冲，郑文君. 农村合作经济组织发展与政府职能：一个动态演变分析框架 [J]. 经济体制改革，2010（4）.

[53] 陈华文，刘康兵. 经济增长与环境质量：关于环境库兹涅茨曲线的经验分析 [J]. 复旦大学学报（社会科学版），2004（2）.

[54] 丹尼尔·史普博. 管制与市场 [M]. 上海：上海人民出版社，1999.

[55] 杜江. 转型期中国农业增长与环境污染问题研究 [D]. 武汉：华中农业大学，2009.

[56] 范金. 可持续发展下的最优经济增长 [M]. 北京：经济管理出版社，2002.

[57] 樊纲. 市场机制和经济效率 [M]. 上海：上海三联书店，1995.

［58］傅京燕.论环境管制与产业国际竞争力的协调［J］.财贸研究，2004（2）.

［59］傅京燕.环境规制与产业国际竞争力［M］.北京：经济科学出版社，2006.

［60］高铁梅.计量经济分析方法与建模［M］.北京：清华大学出版社，2009.

［61］顾焕章，王培志.农业技术进步测定的理论方法［M］.北京：农业科技出版社，1994.

［62］桂小丹，李慧明.环境库兹涅茨曲线实证研究进展［J］.中国人口、资源和环境，2010.

［63］郝海波.环境规制是否会影响企业国际竞争力？［J］.山东财政学院学报（双月刊），2008.

［64］黄平，胡日东.环境规制与企业技术创新相互关系的机理与实证研究［J］.财经理论与实践，2010（1）.

［65］黄德春，刘志彪.环境规制与企业自主创新——基于波特假设的企业竞争优势构建［J］.中国工业经济，2006（3）.

［66］姜鑫.农业技术创新的速水拉坦模型及在中国农业发展中的实证检验［J］.安徽农业科学，2007（11）.

［67］姜鑫.诱致性农业技术创新模型及中国农业技术变革的实证研究［J］.财经论丛，2007（5）.

［68］孔凡斌.建立和完善我国生态环境补偿财政机制研究［J］.经济地理，2010（8）.

［69］李强，聂锐.环境规制与区域技术创新——基于中国省际面板数据的实证分析［J］.中南财经政法大学学报，2009（4）.

［70］赖斯芸.非点源调查评估方法及其应用［D］.北京：清华大学，2003.

［71］李荣娟，孙友祥.完善我国生态补偿机制的几点建议［J］.宏观经济管理，2011（8）.

［72］宁方勇.规制经济学的理论综述［J］.北方经济，2007（1）.

［73］潘鸿.中国农业科技进步与农业发展［D］.长春：吉林大学，2008.

[74] 彭奎, 朱波, 等. 紫色土集水区氮素收支状况与平衡分析 [J]. 山地学报, 2001 (19).

[75] 强永昌. 环境规制与中国对外贸易的可持续发展 [M]. 上海: 复旦大学出版社, 2006.

[76] 邱军. 中国农业污染治理的政策分析 [D]. 北京: 中国农业科学院, 2007.

[77] 速水佑次郎. 发展经济学——从贫困到富裕 [M]. 北京: 社会科学文献出版社, 2003.

[78] 速水佑依郎, 弗农·拉坦. 农业发展的国际分析 [M]. 郭熙保, 等, 译. 北京: 中国社会科学院出版社, 2000.

[79] 舒尔茨. 改造传统农业 [M]. 北京: 商务印书馆, 2003.

[80] 沈满洪, 何灵巧. 环境经济手段的比较分析 [J]. 浙江学刊, 2001 (6).

[81] 石淑华. 美国环境规制体制的创新及其对我国的启示 [J]. 经济社会体制比较, 2008 (1).

[82] 陶群山. 欧盟农业保护政策的演变和启示 [J]. 经济纵横, 2010 (05).

[83] 陶群山, 胡浩. 环境规制和农业科技进步的关系分析——基于波特假说的研究 [J]. 中国人口、资源与环境, 2011 (12).

[84] 王春法. 论政府管制对于技术创新活动的影响 [J]. 世界经济与政治, 1999 (2).

[85] 王国印, 王动. 波特假说、环境规制与企业技术创新——对中东部地区的比较分析 [J]. 中国软科学, 2011 (1).

[86] 王宏杰. 武汉农户采纳农业新技术意愿分析 [J]. 科技管理研究, 2010 (23).

[87] 王哲林. 可持续发展条件下我国环境税有关问题研究 [D]. 厦门: 厦门大学, 2007.

[88] 王启现, 李志强, 刘自杰. 我国农业科技进步与科研投资分析 [J]. 科学管理研究, 2007 (8).

[89] 许庆瑞, 吕燕, 王伟强. 中国企业环境技术创新研究 [J]. 中国软科学, 1995 (5).

［90］新帕尔格雷夫经济学大辞典［M］．北京：经济科学出版社，1992.

［91］肖红，郭丽娟．中国环境保护对产业国际竞争力的影响分析［J］．国际贸易问题，2006（12）.

［92］薛旭初．化肥、农药的污染现状及对策思考［J］．上海农业科技，2006（5）.

［93］武淑霞．我国农村畜禽养殖业氮磷排放变化特征及其对农业面源污染的影响［D］．北京：中国农业科学院，2005.

［94］杨俊杰，胡仕银．重视探讨农业科技进步的负效应［J］．云南科技管理，1995（5）.

［95］许士春．环境管制与企业竞争力——基于"波特假说"的质疑［J］．国际贸易问题，2007（5）.

［96］杨丽．农户技术选择行为研究综述［J］．生产力研究，2010（02）.

［97］宋军，胡瑞法，等．农民的农业技术选择行为分析［J］．农业技术经济，1998（6）.

［98］许士春．环境管制与企业竞争力——基于"波特假说"的质疑［J］．国际贸易问题，2007（5）.

［99］许士春，何正霞．中国经济增长与环境污染关系的实证分析：来自1990—2005年省级面板数据［J］．经济体制改革，2007（4）.

［100］解垩．环境规制与中国工业生产率增长［J］．产业经济研究，2008（1）.

［101］余东华．激励性规制的理论与实践述评——西方规制经济学的最新进展［J］．外国经济与管理，2003（7）.

［102］张帆．规制理论和实践［A］．北京大学经济研究中心．经济学与中国经济改革［C］．上海：上海人民出版社，1995.

［103］植草益．微观规制经济学［M］．北京：中国发展出版社，1992.

［104］植草益，朱绍文．微观规制经济学［M］．胡欣欣，译．北京：中国发展出版社，1992.

［105］朱希刚．我国农业科技进步贡献率测算方法［M］．北京：中国农业出版社，1997.

［106］朱希刚．农业技术进步测定的理论方法［M］．北京：农业科技出版社，1994.

［107］朱希刚，赵绪福．贫困山区农业技术采用的决定因素分析［J］．农业技术经济，1995（3）．

［108］赵细康．环境政策对技术创新的影响［J］．中国地质大学学报（社会科学版），2004（2）．

［109］赵细康．引导绿色创新——技术创新导向的环境政策研究［M］．北京：经济科学出版社，2006．

［110］赵红．环境规制对企业技术创新影响的实证研究——以中国30个省份大中型工业企业为例［J］．软科学，2008（6）．

［111］张鹤丰．中国农作物秸秆燃烧排放气态、颗粒态排放特征的实验室模拟［D］．上海：复旦大学，2009．

［112］张晓．中国环境政策的总体评价［J］．中国社会科学，1999（3）．

［113］张晖，胡浩．农业面源污染的环境库兹涅茨曲线验证［J］．中国农村经济，2009（4）．

［114］臧传琴．环境规制工具的比较与选择——基于对税费规制与可交易许可证规制的分析［J］．云南社会科学，2009（6）．

［115］张红凤．制约、双赢到不确定性——环境规制与企业竞争力相关性研究的演进与借鉴［J］．财经研究，2008（7）．

［116］张嫚．环境规制对企业竞争力的影响［J］．中国人口资源与环境，2004（4）．

附　　录

安徽省农村农户新技术采纳意愿情况的调查问卷

——基于农村环境污染约束下的调查

（调查时间：_____年_____月_____日，调查人_____）

您好！

　　当前我省农村农业污染现象十分严重，化肥、农药的过量使用、农业秸秆的大量焚烧以及畜禽粪便的大量排放，造成了农村生态环境的严重影响，致使农产品产量和品质的下降，对人们身体健康和生活质量产生了不良影响。

　　农户是农业生产的直接执行者，农户的生产行为会对农业生态环境产生直接的影响，而农业环境的恶化又直接影响着自身的生活和生产质量。因此，在农业生态环境受到影响的情况下，我们更加有责任采取措施，调整生产，为农村环境的改善而努力。

　　本调查主要是在环境约束条件下，对农户新技术的采纳意愿及其影响因素进行了解。我们将按照《中华人民共和国统计法》为您的回答保密，请您不必有任何顾虑。我们诚恳地希望得到您的支持与合作，请您根据实际情况填答问卷。占用了您的宝贵时间，向您表示衷心的感谢！

农业循环经济课题组

1. 调查地的基本情况

　　A1. 被调查地名称：安徽省（　　）市（　　）县（　　）镇或乡（　　）村。

该村距县城（　　　）公里，是否（　　　）属于城镇郊区。该村所在地的地理环境属（请选择）：（　　　）

1. 平原　2. 山区　3. 丘陵　4. 沿江

A2. 您村生产的主要农副产品：（　　）、（　　）、（　　）、（　　）。主要农业用地按由多至少的顺序排列（请选择）：（　　　）

1. 水田　2. 旱地　3. 果园　4. 林地　5. 水域　6. 其他

2. 被调查农户的基本情况

B1. 户主的年龄：（　　　）岁；性别：男（　　），女（　　）；

B2. 您（户主）学历（　　），读过（　　）年书（幼儿教育不计），是/否有外出打工或经商的经历（　　）；是/否参加过相关涉农技术培训（　　），如果是，您觉得培训效果（请选择）：（　　　）

1. 很好　2. 较好　3. 一般　4. 较差　5. 很差

B3. 您（户主）觉得自己的身体健康状况（请选择）：（　　），2010 年您全家的医疗支出是（　　）元。

1. 很健康　2. 健康　3. 一般　4. 较差　5. 很差

B4. 您的家庭人口数：（　　）人。其中，劳动力人口数（　　）人（16～60 岁，包括未达到劳动年龄或超过 60 岁实际参加劳动的人数，但不包括在校学生）；纯劳动力（　　）人，半劳动力（　　）人，非劳动力（　　）人；在校学生（大、中、小学和幼儿园）人数（　　）。

B5. 2010 年您全家的总收入为（　　）元，其中农业收入（　　）元；全家拥有固定电话（　　）部，手机（　　）只，电脑（　　）台；您家的收入主要来源于（请选择）：（　　），您（户主）主要从事的职业是（请选择）：（　　）。

1. 种植业　2. 林业　3. 养殖业　4. 以农为主兼业　5. 非农为主兼业

非农就业，如（　　）。

3. 农业生产废弃物的处理情况

C1. 您家耕地的总面积：（　　）亩，主要种植的品种和面积：（　　）、（　　）、（　　）、（　　），对农作物秸秆的处理情况（请选择）（　　）。农用薄膜数量（　　）。

1. 焚烧　2. 处理后回田　3. 作为生产资料（养殖业饲料、生产蘑菇用料）　4. 出售　5. 其他（　　）。

C2. 您家养殖家畜的品种有（　　）、（　　）、（　　）、（　　），数量

（　　）、（　　）、（　　）、（　　），畜禽粪便的处理情况（请选择）（　　）。

1. 直接入田　2. 发酵后入田　3. 没有采取相应措施

C3. 2010年您家使用化学肥料的品种有氮肥（　　），数量（　　）；磷肥（　　），数量（　　）；钾肥（　　），数量（　　）；除草剂（　　），数量（　　），总开支（　　）元。

4. 环境条件下农户采纳新技术的意愿情况

D1. 您生产（或）销售农产品时，是否考虑农产品的质量与安全问题（请选择）：（　　）

1. 十分关注　2. 比较关注　3. 一般　4. 不关注　5. 极不关注

D2. 您听说过或食用过以下类别的"安全食品"吗？（请选择）

（1）无公害农产品：1. 食用过　2. 听说过　3. 未曾听说（　　）

（2）绿色食品：1. 食用过　2. 听说过　3. 未曾听说（　　）

（3）有机食品：1. 食用过　2. 听说过　3. 未曾听说（　　）

D3. 下列哪些行为会导致农业环境污染？（请选择）（　　）

1. 过量使用化肥、农药、除草剂　2. 畜禽粪便的大量排放　3. 秸秆焚烧　4. 其他

D4. 在遇到农业环境污染（农药、化肥污染），您是否考虑采用替代技术减轻此类环境污染？（使用抗病虫害的新品种、沼气技术、秸秆利用、多使用农家肥等）。（请选择）（　　）

1. 考虑采用　2. 不考虑采用　3. 无所谓

D5. 在农业环境污染面前，您可能采取的行为是？（请选择）（　　）

1. 使用抗病虫害新品种　2. 尽量使用农家肥　3. 秸秆还田　4. 采用沼气技术　5. 其他（　　）　6. 无所谓

D6. 您家采用了农业新技术主要通过（　　）途径获得的？

1. 自己主动采纳的　2. 技术人员推荐的　3. 政府倡导的，自己不是很主动的

D7. 您觉得采用新技术改善农业环境，提高产品质量和产量难度如何？（　　）

1. 不难　2. 一般　3. 比较难　4. 很难

D8. 政府的补贴支持对您采用农业新技术（沼气技术、秸秆还田）重要吗？（　　）

1. 重要　2. 不重要或无所谓

D9. 您觉得在环境约束下，选用新技术的理由是？（　　　）

1. 改善生产环境，有利于提高生活质量　2. 产品品质提高，从而产品价格和收入提高　3. 龙头企业带动　4. 合作社带动　5. 周围有很多人采用　6. 其他（　　　）

D10. 您觉得采用新技术改变农业生产环境，最大的制约因素是？（　　　）

1. 成本太高　2. 没有技术　3. 产品没有市场　4. 收入不高　5. 政府扶持力度不够　6. 规模太小不划算　7. 其他（　　　）。

D11. 当您从事农业生产是/否（　　　）从金融部门贷过款？您觉得获得贷款容易吗？（请选择）（　　　）

1. 很容易　2. 容易　3. 有点困难　4. 比较困难　5. 困难

D12. 您从下列涉农服务部门（　　　）获取过服务吗？对它们的满意程度打分（0 表示该组织不存在，1 没参与该组织，2 很不满意，3 不满意，4 较满意，5 满意，6 很满意）

1. 合作社（　　　）　2. 村集体经济组织（或村委会）（　　　）　3. 政府科技推广部门（　　　）　4. 供销社（　　　）　5. 信用社（　　　）　6. 龙头企业（　　　）（将打分情况填写在括号中）。

D13. 据您所知，您所处的地方是/否（　　　）有农业合作经济组织（合作社或专业协会），您是/否（　　　）参加了该组织，并接受过该组织提供的哪项服务？（请选择）（　　　）

1. 技术支持　2. 生产技术辅导　3. 产品销售　4. 质量检验　5. 优质种苗　6. 统一购买生产资料　7. 政策服务　8. 没有提供服务　9. 其他（　　　）

D14. 据您所知，您所处的地方是/否（　　　）有龙头企业，您是/否（　　　）参加了该企业，并接受过该企业提供的哪项服务？（请选择）（　　　）

1. 技术支持　2. 生产技术辅导　3. 产品销售　4. 质量检验　5. 优质种苗　6. 统一购买生产资料　7. 政策服务　8. 没有提供服务　9. 其他（　　　）

D15. 据您所知，您所处的地方是/否（　　　）进行过农业生态环境方面的宣传，并是/否（　　　）组织过相关的技术培训活动（例如新品种的宣传，沼气技术推广，秸秆利用等）？这些活动是由（请选择）（　　　）组织的。

1. 政府科技部门（农技站）　2. 合作社　3. 龙头企业　4. 村委会　5. 生产资料销售商　6. 其他（　　　）

D16. 采用相关新技术后，您感觉经济生活哪些方面发生明显的改变？（　　）

　　1. 收入增加　　2. 环境改善，生活质量提高　　3. 受人羡慕，社会地位提高

　4. 没有改变

感谢您的支持和合作，祝您身体健康，全家幸福！

后　记

　　农业环境问题一直是困扰经济社会发展的突出问题，关系着农产品质量、城乡群众的生活生存空间以及农业的可持续发展。农药化肥过量使用、畜禽粪便排放、秸秆焚烧等农业污染在农村地区较为普遍，仅以畜禽养殖而言，我国每年生猪饲养量达到 12 亿头，禽类每年养殖数量 130 亿只，每年排放的畜禽粪便 30 亿吨。农业环境问题是一个突出问题，政府非常重视。2015 年国家提出"一控两减三基本"的目标，"一控两减三基本"是指控制农业用水总量，减少化肥和农药使用量，实现畜禽粪便、废旧农膜、秸秆等得到的基本处理，政策实施效果较为明显。通过畜禽粪便无害化、资源化处理，有机肥代替化肥行动，秸秆饲料化、基料化处理等一系列环境技术，一方面整治了农村环境，另一方面促进了资源的合理利用，生产技术水平和生产效率也得到了大幅度提升。本书的研究内容是在我的博士论文《农业污染、环境规制和农业科技投入》的基础上改编而来的，论文完成写作已经有近五年时间了，论文中所提出的农业环境规制在促进环境改善的同时，也能提高农业科技进步的结论，在当前的农业生产实践中也得到了验证。

　　本研究的最初创意是在我的导师胡浩教授的启发和引导下萌发的。记得博士入学的时候，导师就让我参与上海市农委课题"上海市发展农业循环经济研究"，在课题的设计与论证中，导师总是耐心地启发我，要运用经济学理论知识深入研究循环经济的产生机理，强调政府的环境政策在农业循环经济中的诱导作用。在随后的上海市郊区的调研中，我更加深深地感受到环境政策对于引导农业生产者采纳新技术的作用。在参与胡老师主持的江苏省教育厅高校哲学社会科学研究重大项目"江苏省发展农业循环经济研究——基于资源再利用的视角"和国家社会科学基金重大招标项目"建设以低碳排放为特征的农业产业体系和农产品消费模式研究"的项目研究中，我更加关注对环境政策的传导机理的研究，收集了大量的环境经济学的资料，积累了丰富的研究方法，为论文的写作提供了思想源泉。在论文选题、材料收集、框架构建以及整个论文的写作中，导师更是给予了全面、细致和富有启发性的指导，论文的最终完成，倾注了导师大量的心血和关怀，让我终生难忘。此外，导师深厚的学术功底，严谨的治学态度，豁达开明、大爱无私的为人品质让我学习到了求学和做人的道理，这将不断影响和激励着我今后的生活、学习和工作，让我受益无穷。在此谨向恩师致以我最衷心的感谢！

　　本书的最终完成更离不开整个家庭的支持和无私的奉献。年迈的父母承担着琐碎的家务，默默劳作，无怨无悔，使我能够静下心来安心学习完成整个学业。妻子汪小红博士在生活、学习上与我同舟共济，为我收集数据、整理资料，提出了许多宝贵的建议。我的可爱的宝宝陶惟玉的健康成长更给我艰苦的求学生涯增添了乐趣，每当遇到困境，论文踯躅不前时，想起宝宝甜甜的笑容我就有了一种动力，一种勇气，支持着我不断克服困难直至完成论文的写作，在此向他们表示深深的感谢！

陶群山

2018 年 5 月 10 日